U0921070

长江源探秘

徐平 等 著

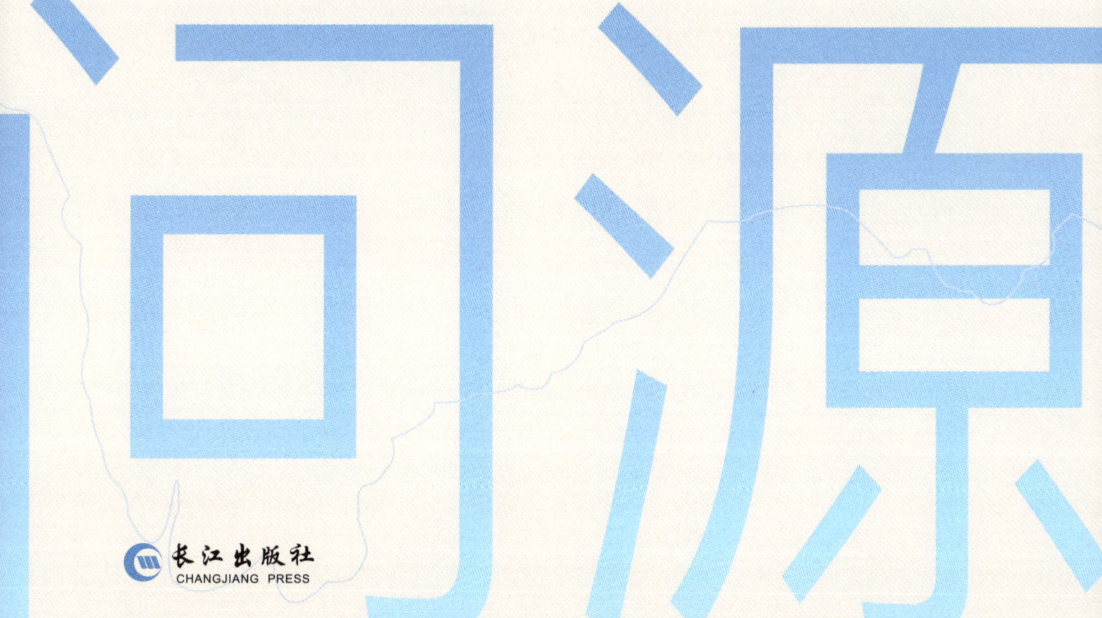

长江出版社
CHANGJIANG PRESS

编写人员

徐　平　赵登忠　李　伟　闫　霞　吴光东　袁　喆

张国月　任斐鹏　范　雷　张双印　张　晖　孙宝洋

方　择　徐　坚　洪晓峰　陈　鹏　吴庆华　樊雅东

郑　郧　般大聪　刘　敏　李鲁丹　骆　雪

前言

长江源区地处青藏高原腹地，素有“中华水塔”的美誉，是中国重要的生态安全屏障，同时也是气候变化敏感响应区和生态环境脆弱区。长江源区平均海拔约4760m，流域面积约13.82万km^2。长江源区水系包括北源楚玛尔河水系、正源沱沱河水系、南源当曲水系以及干流通天河水系。长江源区湖泊众多，共有大小湖泊1.1万多个，湖面面积约1027km^2。近50年来，在全球气候变化和人类活动的双重影响下，长江源区雪线上升、冰川退缩、水土流失、荒漠化和草地退化等问题凸显，已直接威胁区域生态安全。做好长江源区生态环境保护，对维系整个长江流域生态平衡和水资源可持续利用都具有重要的战略意义，在长江大保护中起着举足轻重的作用。

长江是中华民族的母亲河，也是中华民族发展的重要支撑。长江大保护需从长江源开始，保护长江源是让母亲河永葆生机活力的具体实践。本书基于长江水利委员会长江科学院（以下简称“长科院”）十余年长江源区科学考察成果，用通俗易懂的语言，向大众介绍长江源区气候、地形地貌、冰川冻土、河湖水系、湿地、土壤植被、水环境与水生生物、动物、风土人情等方面知识，以增进公众对长江源区的认识，唤醒全社会保护长江源区生态环境的意识。

全书由徐平策划、方择统稿、周银军审核。第一章为高原气候，介绍青藏高原的气候特征及其带来的影响，由袁喆负责撰写；第二章为地形地貌，阐述长江源区地形地貌特点及冰川、流水等在地形地貌塑造中的作用，由范雷负责撰写；第三章为冰川冻土，介绍冰川的形成及运动过程、冻土的形成分布及力学特性，由洪晓峰、郑郧、吴庆华负责撰写；第四章为河湖水系，总结长江源区河流水系组成、正源确定的考证过程及地下冰（水）赋存状态，由闫霞、陈鹏、吴庆华负责撰写；第五章为湿地，介绍长江源区湿地特点及其对“双碳”目标的贡献，由张双印、徐坚负责撰写；第六章为植被生态与水土保持，介绍长江源区特色植物与植物生物多样性、植被类型与植被退化、植被保护与水土保持和植物碳汇功能等重要内容，由任斐鹏、孙宝洋负责撰写；第七章为水环境及水生生物，介绍长江源区水质特征、鱼类组成及其栖息地特点、浮游动植物类型及作用，由李伟、殷大聪、刘敏、李鲁丹负责撰写；第八章为高原动物的生存之道，介绍高原鸟类、藏羚、藏野驴、豺、狼、鼠兔、雪豹、岩羊、昆虫等常见动物适应环境、躲避天敌的生存之道，由张国月、樊雅东负责撰写；第九章为风土人情，介绍高原地区刻着经文图案的石头、牦牛粪价值、“白灾”“黑灾”“灰灾”含义、天葬风俗等独特风土人情，由吴光东、骆雪负责撰写。

本书得到了国家重点研发计划项目“长江水资源开发保护战略与关键技术研究（2019YFC0408900）”、国家自然科学基金长江水科学研究联合基金项目“长江源区水沙动态过程及多因素耦合演变机制与模拟（U2240226）”、国家自然科学基金项目“冻融对长江源高寒草地侵蚀阻力作用机理研究（42107352）”、国家自然科学基金项目“青藏高原源头河流内鱼类越冬场形成机制研究（52009009）”、中央级公益性科研院所基本科研业务费专项“气候变化下水沙通量变化机制及其对河流系统的影响研究（CKSF2023311）”、长科院创新团队项目“高原河湖立体监测（CKSF2017063）”、“青藏高原河湖研究（CKSF2023191）”、国家自然科学基金长江水科学联合基金重点项目“基于水沙碳耦合调控的长江上游坡耕地水土流失防治阈值及系统治理研究（U2340215）”的资助，在此表示感谢。由于涉及环境、水利、化学、地质和管理等多个学科，加上作者对一些领域的研究和认识水平有限，不妥之处恳请读者批评指正。

作　者

2023 年 10 月

目 录

·问源·

第一章

高原气候

1.青藏高原的气候特征有哪些？

高原山地气候最重要的两个特点：其一是高寒，其二是垂直差异明显。高原山地气候是一种非地带性气候，指受高度和山脉地形的影响所形成的一种地方气候，主要分布在高大山地和大高原地区，如喜马拉雅山、南美洲安第斯山、青藏高原等。以青藏高原为例，其气候的主要特征：

（1）空气稀薄，太阳辐射强

海拔4000m以上的青藏高原，由于大气层稀薄，大气对于太阳辐射的削弱作用较弱，因此成为我国年太阳辐射总量最多的地方，年总量在5000~8000MJ/m^2。

（2）气温低，日较差大，年变化小

位于藏北高原的可可西里等温线与等高线相重

合，自成一闭合的低温中心，为青藏高原温度最低的地区，也是北半球同纬度气温最低的地区。

（3）降水少，地域差异大

高原年降水量自藏东南的4000mm以上向柴达木盆地的冷湖逐渐减少，冷湖降水量仅17.5mm。以雅鲁藏布江河谷的巴昔卡为例，降水量极为丰沛，平均年降水量达4500mm，是最少降水量的200多倍，也是我国最多降水中心之一。

（4）气候类型多样

根据温度和水分指标，结合植被，并考虑地热的影响，通过分析，将高层地区划分为高层亚寒带、高原温带、藏东南亚热带山地和热带山地。

◎羊卓雍措（拍摄者：徐平）

2.青藏高原隆起对中国气候有什么影响？

当你在上海、杭州等地享受着温和湿润的海洋季风时，可曾想到，大约3000万年前长江中下游曾是一片炎热干旱的区域，就像如今的非洲撒哈拉大沙漠一样。其原因是当时的青藏高原还处于夷平面低地状态。后来，青藏高原逐渐隆起，改变了亚洲、欧洲乃至世界的气候环境。青藏高原的隆起使世界环境发生了巨大变化，极大地改变了亚洲大气环流的形势，导致了地球上最强大的季风系统的产生，并对北半球的环流产生了重大影响。对于中国来说，如果没有青藏高原，中国西部就不会像现在这样干旱，而中国东部也不会像现在这样湿润。同样地，在长江中下游和华

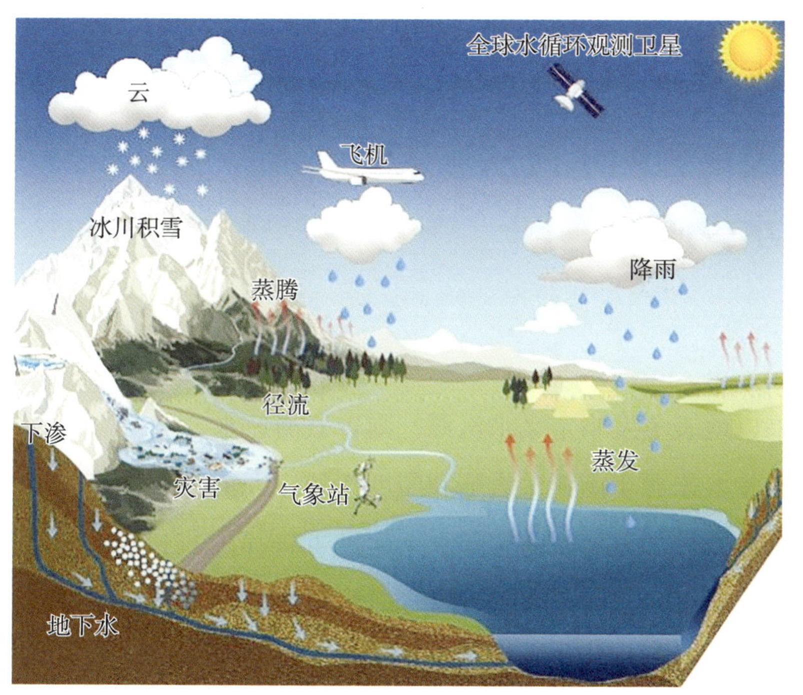

◎ 水循环示意图

南地区就会出现像北非和阿拉伯半岛那样的沙漠气候。正是青藏高原地区自第三纪末期起发生的强烈隆起，迫使北半球的副热带高压带在青藏高原地区“断裂”，诱发和强化了南亚的夏季风环流。此外，随着青藏高原的隆起，喜马拉雅山成为阻挡印度洋季风的重大障碍，中国西北部逐渐变得干燥。

3.青藏高原的水汽从哪来？降水少吗？

如果以地表蒸发来定义水汽源，则青藏高原水汽的蒸发主要来源于南亚次大陆和印度洋的广大范围。青藏高原大部分地区的年降水量超过 400mm，而年降水量 400mm 是半湿润与半干旱地区分界线，由此可以看出青藏高原平均降水量不算少。但是我们不能只看这一个指标，还有一个指标叫水分盈亏量，即降水量和蒸发量之差，表示地区实际上从大气中获得的水分。青藏高原由于海拔很高，常年气温较低，蒸发较弱，其蒸发量为 180~200mm，因此其大部分地区每年能够获得超过 200mm 的有效降水。

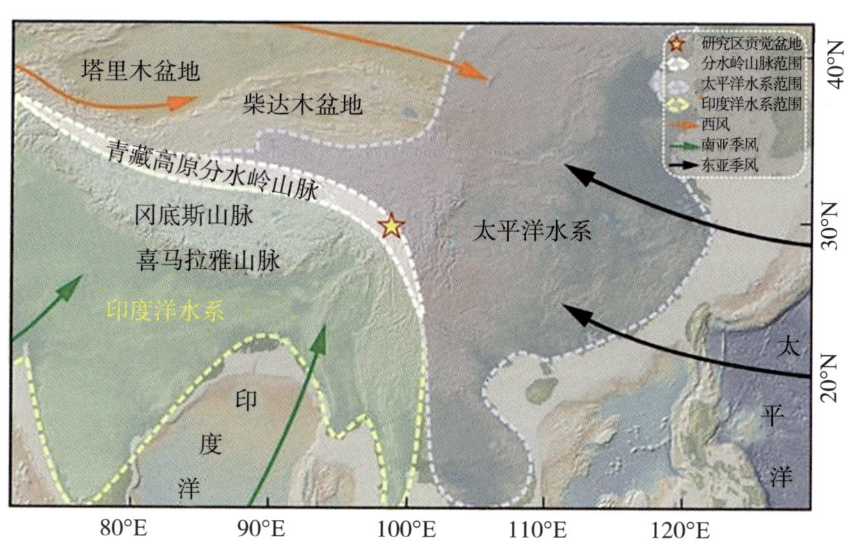

◎ 青藏高原水汽来源（https://news.dahe.cn/）

4.气候变暖对长江源来说是好事还是坏事?

全球气候变暖，也称为全球暖化，是一种自然现象，指的是在一段时间内由于温室效应不断积累，地气系统吸收与发射的能量不平衡，能量不断在地气系统累积，从而造成温度上升的气候变化。在全球气候变暖的大环境下，冰川、冻土的融化给青藏高原生态环境带来了正面影响；但从长期来看，也将带来负面影响，如冰川迅速消融带来的大量雪水，有可能导致下游一些湖泊溃决，以及湖泊周围的牧草被淹没。冻土融化也将带来一系列问题，如沼泽草地下永久性冻土融化后，水位下降，可能导致草场退化。

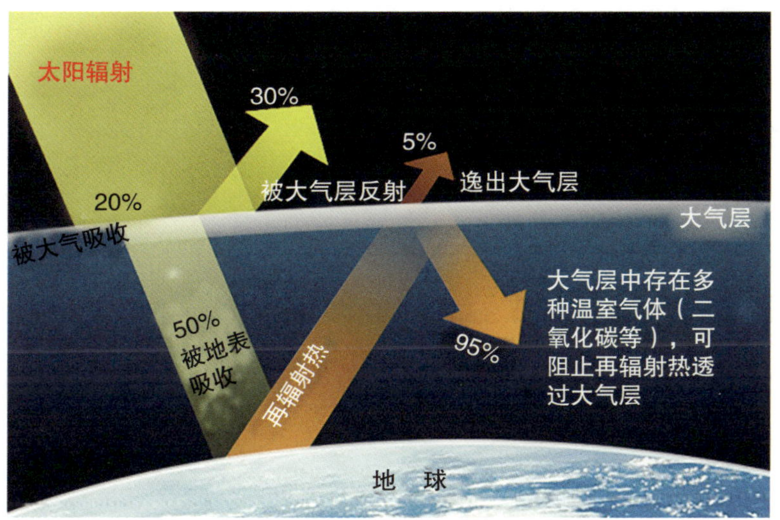

◎ 温室效应示意图

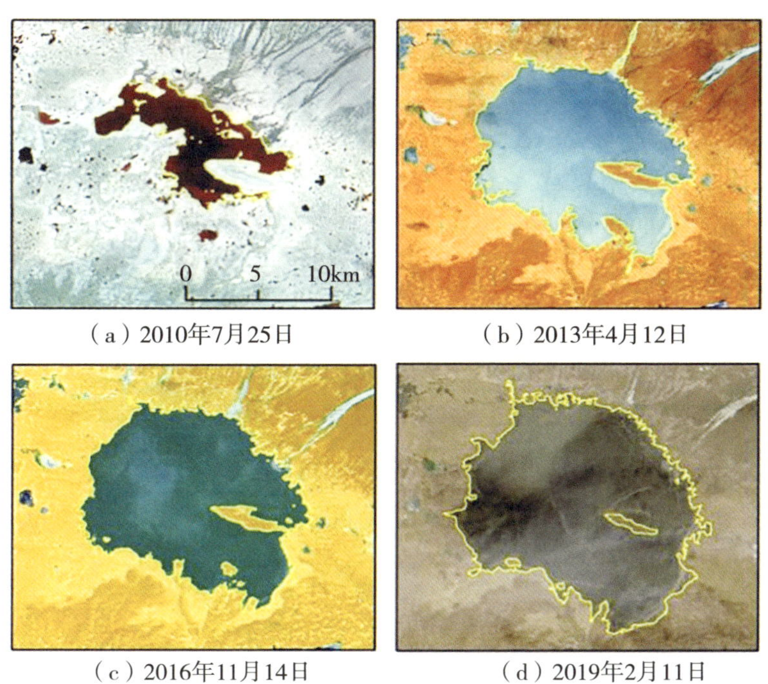

（a）2010年7月25日　（b）2013年4月12日

（c）2016年11月14日　（d）2019年2月11日

◎ 可可西里地区的盐湖在过去10年扩大了5倍

5.为什么高原地区昼夜温差很大？

青藏高原平均海拔 4000m 以上，导致高原地面上空空气稀薄，水汽、尘埃含量也少。白天太阳辐射到达地面过程中，不仅穿过大气层路程短（相比于平原地区），而且稀薄的气体对其削弱作用也小。因此，地面得到的太阳辐射多，气温相对较高。但由于高原上空空气稀薄，吸收地面辐射能力弱，与同纬度平原地区相比，其气温仍是低的。夜间，稀薄的气体对地面的保温作用弱，气温迅速下降。因此，高原一天当中的最高气温和最低气温之差很大，有时一日之内，历经寒暑，白天烈日当空，有时气温高达 20~30℃，而晚上及清晨气温有时可降至 0℃以下。

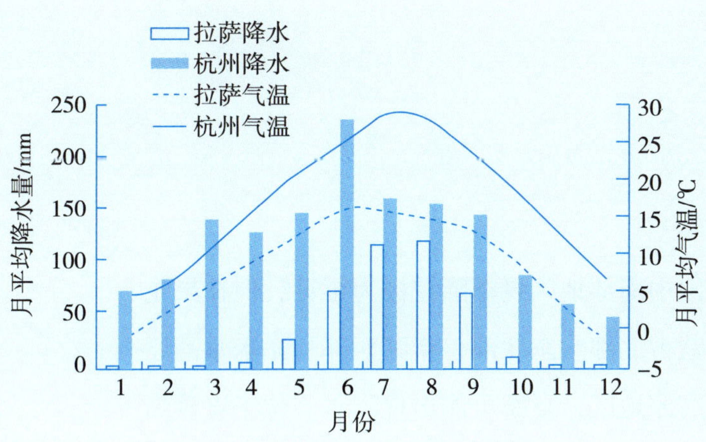

◎ 拉萨与杭州的气温降水分布

6.为什么夏季长江源区会降雪?

我国中南部地区夏季降雪极为罕见，但在黑龙江，内蒙古北部、东北部，新疆西部的帕米尔高原及青藏高原地区，夏季可能出现降雪。位于青藏高原的长江源区，平均海拔达 4760m，来自印度洋的暖湿气流在夏季吹到青藏高原上，往往就会变成降雪飘落到高山上。在高原高寒区出现的降雪也有局地特性。这是因为海拔每上升 1km，温度降低约 6℃，海拔高的地方温度低，当温度条件达到时，往往会出现这样的现象——谷底在下雨，而山顶在下雪。因此，夏季降雪和地势也有很大关系。

◎ 夏季冰雹后

7.为什么高原上鸡蛋煮不熟？

海拔越高，气压越低。海拔每升高约1km，水的沸点会下降3℃。在标准大气压下加热水，水的沸点是100℃，所以在青藏高原，水的沸点还不到90℃。这也就是为什么我们明明看到水已经冒着蒸汽沸腾了，却不烫手，有的仅仅是温的。这样的“开水”不能杀死细菌，更别说要把饭菜做熟。这也解释了为什么鸡蛋在高原上煮不熟。无论给水加热多长时间，即使把锅里的水全部蒸发了，鸡蛋还是煮不熟。因为水沸腾后，吸收的热能都转化为了水的动能，水的温度便不会再升高了。

压力 P/atm	沸点 /℃	压力 P/atm	沸点 /℃
1	100.0	15	197.4
2	119.6	16	200.4
3	132.9	17	203.4
4	142.9	18	206.1
5	151.1	19	208.8
6	158.1	20	211.4
7	164.2	21	213.9
8	169.6	22	216.2
9	174.5	23	218.5
10	179.0	24	220.8
11	183.2	25	222.9
12	187.1	26	225.0
13	190.7	27	227.0
14	194.1		

注：1atm=101325Pa。

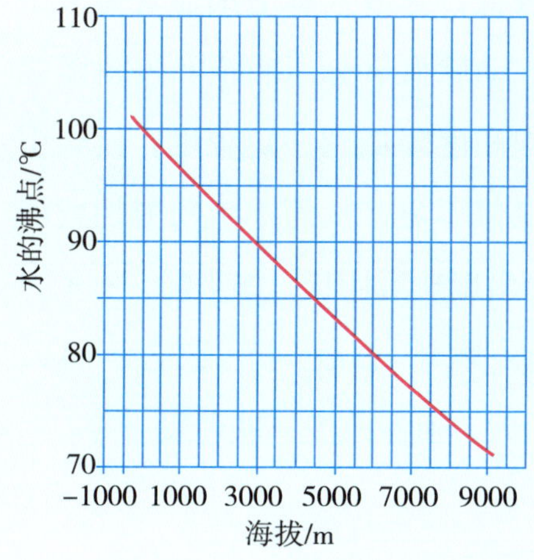

◎ 水的沸点随海拔升高及气压变化的关系
（https://www.zhihu.com/question/544783050）

8.高原反应与气候有关系吗？

初到高原地区的人都会有高原反应，这是由于高原山地性气候引起的。高原地区大气压较低，大气中的含氧量和氧分压较低，人体肺泡内氧分压也较低，弥散入肺毛细血管血液中的氧随之降低，动脉血氧分压和饱和度也随之降低。当血氧饱和度降低到一定程度，便会引起各器官组织供氧不足，从而产生功能性或器质性变化，进而出现缺氧症状，如头痛、头晕、心慌、气短、恶心、呕吐、食欲下降、记忆力下降、腹胀、疲乏、失眠、血压改变、肤色发绀等。

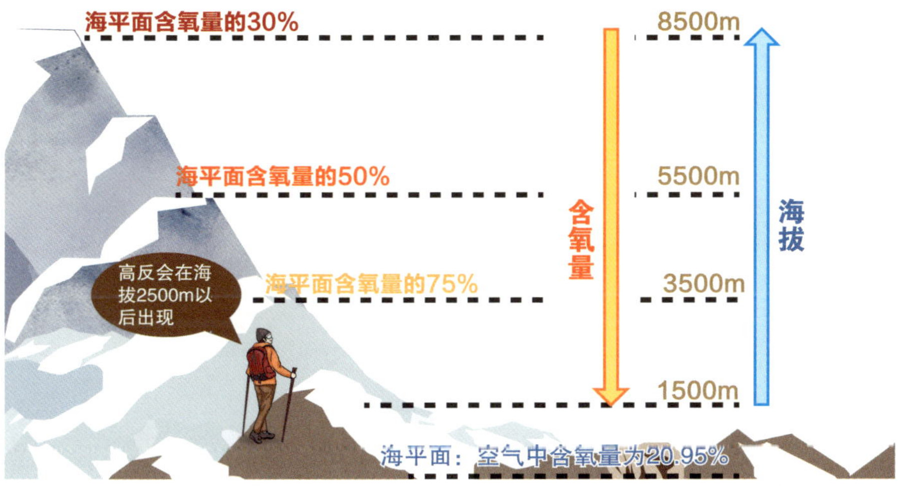
海平面含氧量的30%
8500m
海平面含氧量的50%
5500m
含氧量
海拔
高反会在海拔2500m以后出现
海平面含氧量的75%
3500m
1500m
海平面：空气中含氧量为20.95%

◎ 高原反应示意图

9.缺氧时为什么尽量不要洗澡？

随着海拔的升高，大气压逐渐降低，空气中氧含量也随之降低。很多人初到长江源区都会因缺氧而产生高原反应，身体为适应缺氧生理机能负担加重，而洗澡时热水会加速血液循环，致使周围血管扩张，加重中枢神经系统缺氧。加之浴室大多是密闭、狭小的空间，局部氧含量更低，会加重氧的供需矛盾。血液流动得快，耗氧量大，将会加剧缺氧、加重高原反应。此外，气候干燥，沐浴时水分蒸发极快，意味着身体热量短时间内被大量带走，而且水温与室温的温差，极易引起感冒。严重时会引起呼吸道或肺部疾病，进而引发肺水肿，对人体的危害极大。

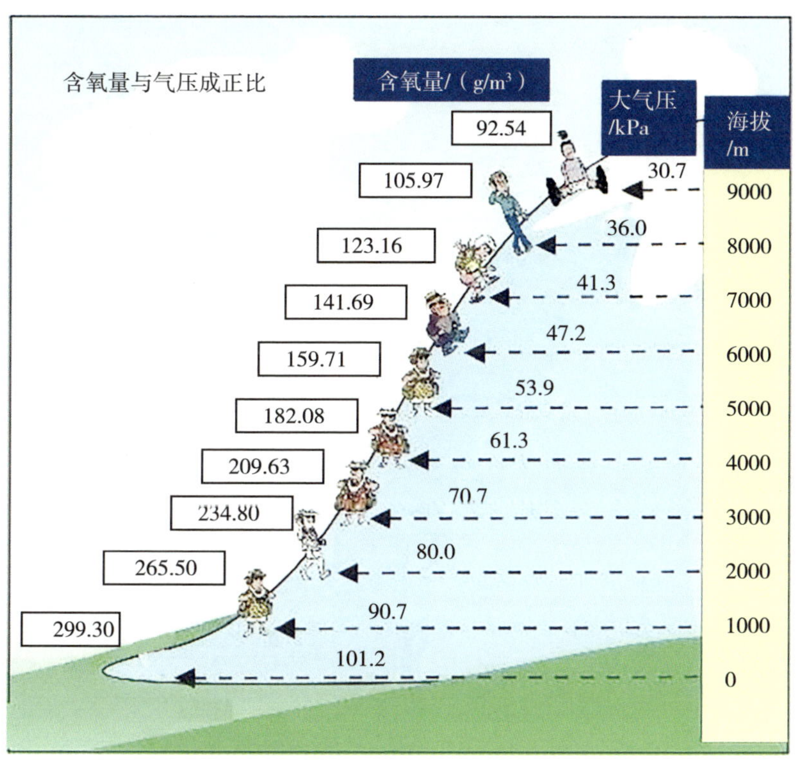

◎ 含氧量、大气压与海拔的关系

（https://www.zhihu.com/question/21096863）

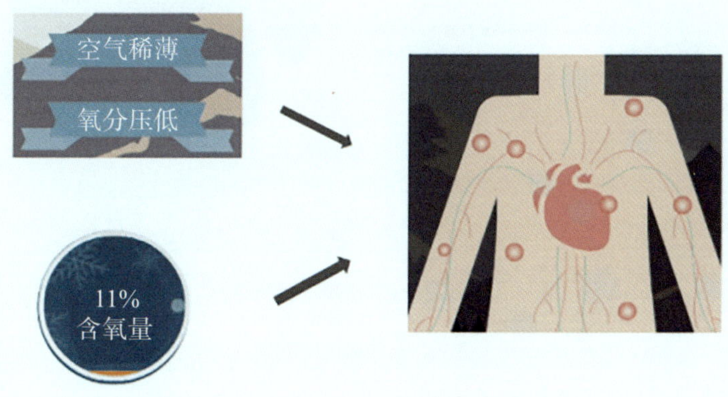

◎ 缺氧与血流变化机制（https://www.sohu.com/）

·问源·

地形地貌

10.长江源区的地表形貌是什么样的？

长江源区风景壮丽，极具特色。主要的地形地貌为极高山、高山与山原、台原间隔分布。其地形地貌总体上具有以下特征：地面辽阔坦荡，高原形态完整；高大山脉东西横亘，起伏和缓；海拔很高，地势自西向东微倾，现代冰川地貌特征明显。其中，河流源头多为山原地貌，河网密集，湖泊、沼泽、草甸遍布，且保留了部分海拔 5000m 的较为完整的原始高原面，湖盆最低侵蚀面在 4400m 左右。湖盆以下河曲发育，逐步进入由于冰川冰缘—流水作用侵蚀、剥蚀山原而形成的岭谷相间地段。

◎ 山原地貌

◎ 高山地貌

◎ 冰川地貌

11.长江源区的海拔为多少米，与地表形态有怎样的对应关系？

长江源区的海拔为3335~6564m，平均海拔约4760m。长江源区的地表形态与海拔具有很好的对应关系，即长江源区地貌形态具有明显的垂直分带特征：海拔3800~4500m区域属于冰川—冰缘地貌带，海拔大于4500m区域则属于冰川地貌带。在长江源区海拔3800~4500m的冰川—冰缘地貌带，未受到青藏高原强烈隆起所造成

◎ 地貌垂直分带

◎ 冰川地貌带

◎ 冰川—冰缘地貌带

的河流溯源侵蚀影响，地势起伏较小，地面坡度一般只有 15°，主要地貌形态由小起伏高山、高海拔丘陵、台地和平原组成。在长江源区 4500m 以上的冰川地貌带，地势陡峭，基岩裸露，冰蚀—冻融作用强烈，在考察沿途地区均可以观察到大量的受冰川侵蚀作用所形成的冰斗、角峰、刃脊、冰川谷等特有的地貌。

12.冰川在长江源区的地形地貌塑造中发挥了哪些作用?

地貌是内、外地质营力相互作用的结果。内力地质作用是由地球内部深处物质运动引起的地壳水平运动、垂直运动、断裂活动和岩浆活动，是地表主要地形起伏的动因，其发展趋势是向增强地势起伏方向发展，如山岳平原的形成及其相对高度的增大变化。外力地质作用是流水、冰川和风力等对地表的剥蚀与堆积作用，其作用趋势是“削高填低”而减小地势起伏，使其往接近海洋水准面的方向发展，这一过程塑造了多种多样的地表外力成因地貌。

千万年来，冰川不断地侵蚀、刨蚀（磨蚀）和挖掘长江源区的山体，形成了冰床阶梯和岩坎等地貌，并留下了擦痕、刻槽和磨光面等地质遗迹。在这个过程中，也产生了大量的碎屑物质，这些碎屑物质经过不断冻融风化，形成冰积物。

◎ 冰川侵蚀作用

◎ 冻融作用

◎ 冰川堆积作用

13.流水在长江源区的地形地貌塑造中发挥了哪些作用？

流水作为另外一种重要的外力地质作用，在长江源区地貌形成中产生的主要作用包括侵蚀、搬运和堆积。

侵蚀作用又包括下蚀和侧蚀。下蚀指河床加深，河流向纵深方向发展；侧蚀指谷底展宽，河流向横向发展。

搬运作用指岩石受风化侵蚀的产物被流水从上游带到下游的作用。流水的搬运作用既有机械搬运，也有化学搬运。其中，岩石风化后溶解于水中被搬运称为化学搬运；以推移、跃移和悬移方式进

◎ 流水侵蚀作用

◎ 流水搬运作用

◎ 流水堆积作用

行的称为机械搬运。在长江源区，流水的搬运以机械搬运为主，水急河段搬运物质颗粒较大，推移、跃移和悬移三者共存，且推移、跃移更为主要，而在水流缓慢或者片流河段则以跃移和悬移为主。

当水量减少、坡度变缓、流速降低或进入水流的泥沙增加时，水的动能就减小，一部分物质堆积于坡麓、河谷、平原、湖盆，称为堆积作用。在长江源区广泛分布着因流水堆积作用而形成的低滩、河漫滩、河流阶地等地形地貌。

14. 长江源区存在的第四纪冰川遗迹具有哪些特征？

长江源区存在大量的第四纪冰川遗迹，其中比较典型的索布查叶古冰川遗迹位于青海省玉树藏族自治州治多县多彩乡。索布查叶古冰川遗迹从海拔 5876m 的嘎拉雪山巅伸入聂恰曲，长度近 20km。索布查叶古冰川遗迹可以观察到冰斗、角峰、刃脊、冰川槽谷、羊背石等典型的地貌。

冰斗是雪蚀和冰川侵蚀共同作用的结果，为冰川源头囤积冰雪的小型凹地，多呈围椅状，一面开口，后壁陡峻，底面较为平坦，

◎ 冰川遗迹地貌

斗内留有寒冻风化侵蚀的堆积物。

角峰是由相邻冰斗不断扩大和后退并向山顶发展而形成的角锥状山顶。

◎ 冰川槽谷

刃脊是由冰斗或两条相邻冰川的槽谷不断扩大、后退而形成的刀刃状山脊。

◎ 羊背石

冰川槽谷是在冰川流动下蚀过程中形成的“U”形谷。通常冰川的谷壁比较平直，谷肩明显，冰川槽谷内常见冰川侵蚀遗迹，如羊背石。冰川槽谷谷壁通常会被冰川搬运物磨蚀，留下冰川磨光面或冰川擦痕。

索布查叶古冰川遗迹的形成主要是源于青藏高原的隆起。因青藏高原的强烈隆升，海拔 4200m 以上的地区，古冰川活动普遍，许多山谷、平坦的山顶、山麓和盆地均被冰川广泛覆盖。这一方面由于全球气候的普遍变暖和间冰期的到来，另一方面也可能由于青藏高原变得更为干旱，冰舌逐渐消融，冰川退缩，并形成现在的冰川遗迹。

15.长江源区地质运动现象是如何形成的？

◎ 水平层状岩石

◎ 地质构造褶皱现象

长江源区除了地表覆盖一层薄薄的碎石土覆盖层外，下面都是坚硬的岩石基底。这些岩石基底受到地球内力的地质作用后，就会产生褶皱、断层、裂隙等各种地质构造现象。从地质历史成因上来说，长江源区是受到印度板块和欧亚板块相互挤压碰撞后不断抬升而形成的当今世界上最高的高原形态。这也是长江源区地表起伏的动因。

16. 长江源区的地质灾害现象有哪几种，存在什么危害？

长江源区的唐古拉山、巴颜喀拉山地区新构造活动活跃，地势仍在抬升，山体断块纵横，冰川、冰缘冻融地貌发育，山麓与狭窄带状冲积平原不断变化，产生了一系列的地质灾害。

地震：长江源区最严重的地质灾害，造成了严重的社会经济损失。自 20 世纪 30 年代以来，北部东昆仑山南缘断裂带上发生过 5.0~7.5 级地震 8 次，震中分布与该断裂带方向一致，沿该断裂带地震变形极为活跃。南部唐古拉山雀莫错—雁石坪—当曲源头断裂带附近也曾发生过多次 4.5~7.0 级的地震。

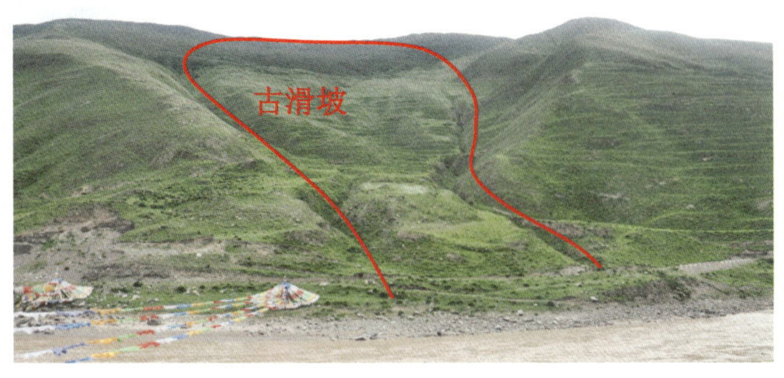

◎ 滑坡

崩塌、滑坡、泥石流：长江源区谷地坡陡且不坚固，经常发生岩体崩塌。由于地表疏松物质比较丰富，加之雨季集中，常有强烈的暴雨，水流排泄湍急，滑坡、泥石流频发。

◎ 崩塌

冻融灾害：长江源区冷热两季交替，因温度变化，其季节性冻土发生反复冻结与融化，导致冻胀、滑塌、沉陷等多种地质现象，破坏房屋、铁路、公路、桥梁等工程设施的安全。

◎ 泥石流

◎ 冻融灾害

17.长江源区的红层是如何形成的?

红层在我国主要是指自中生代以来即三叠系、侏罗系、白垩系和新生代古近系的湖相、河流相、河湖交替相或山麓洪积相等陆相碎屑岩，主要由页岩、粉砂岩、砂岩组成，局部夹有泥灰岩、石灰岩、薄层砾岩，多以夹层、互层的方式出现。沉积层中含有高价氧化铁，

◎ 长江源区的红层山体

◎ 长江源区红层

其受到大气的影响发生脱水和氧化作用，在外表上主要呈现为红色。长江源不少地区的岩石均出露有红层。红层是全球变化研究的良好载体之一，不同纬度、不同高度、不同母岩和不同时代发育的红层所蕴含的环境信息均不同。长江源区红层的主要矿物成分是伊利石、绿泥石和石英，还含有一定量的长石和方解石，而其中蒙脱石和白云石的含量则较少。长江源区红层的矿物成分，相较于我国南方等其他地区红层的矿物成分更加复杂。这是因为长江源区为高原气候环境变化的敏感区域，经历了更为复杂的沉积环境与不同程度的风化成土作用。

·问源·

冰川冻土

18.冰川是如何形成的？

在高海拔或高纬度地区，由于常年气候寒冷，降水通常以固态形式——雪落下。当一个地方全年累积的雪量大于消融的雪量时，雪会越积越多，新的雪层会掩盖并压缩之前的积雪。新雪落下后，受地面热力条件及自压等因素影响，不断发生升华、凝华和再结晶过程，雪花棱角很快消失，逐渐圆化，形成球状颗粒，称为粒雪。新雪和粒雪都具有较大的孔隙率（大于50%），空气可以在雪粒之间自由流通，但是在粒雪化过程中，一部分空气被排出，积雪密度逐渐增大。随着时间的推移，雪层不断加厚，经长期压实，粒雪层中的空气被进一步排除，粒雪相互联结合并，重新结晶，形成冰川冰。冰川冰的孔隙率小于20%，空气无法流通。粒雪变成冰川冰的过程，称为成冰作用，按性质可分为冷型和暖型两类。冷型成冰作用是在低温干燥环境下，粒雪依靠上覆雪层重压形成重结晶冰，在两极地区较为多见。该方式成冰历时长，冰密度较小，冰中气泡较多，气泡压力大。暖型成冰作用有融水参与，具体是指融水渗入雪层空隙中，

◎ 成冰作用

◎ 姜根迪如冰川（拍摄者：徐平）

排挤空气，引起局部融化和再冻结，属于渗浸成冰。该方式成冰速度较快，冰密度大、气泡少，且气泡以一定规律排列。我国多数冰川都是通过暖型成冰作用形成的。从天而降的雪花，经过了由雪到冰的密实化过程，成为冰川冰，其可塑程度与厚度密切相关。冰层越厚，可塑程度越大，越容易发生冰层滑动和塑性蠕动。上层冰雪在压力和重力作用下，结合地表或冰面适宜的坡度，冰层缓慢蠕动形成冰川。

19.冰川是如何运动的?

运动是冰川的天然属性，也是其区别于其他自然冰体（如河冰、海冰）的主要特点。冰川的运动主要是在自身重力作用下，通过内部应力变形或沿底部滑动等方式来实现的。冰川在熔点下的流变特性比较突出，能实现塑性形变，就像金属加热至熔点能够弯曲变形一样。当冰川温度接近熔点时，冰川冰呈现出不稳定状态，出现冰、水、汽三相共存，变得易于延展。压力越大，熔点越低。冰川底部由于受上部冰层重压，但熔点低于上部冰层，更易于接近熔点，其塑性形变更容易实现，因此更易形成塑性流动带。塑性流动带的存在是冰川流动的根本原因。在冰川底部冰处于熔点的情况下，冰川顺冰床流动，遇基岩凸起，迎石面增高的压力能让冰川开始融化，如此绕过障碍，在另一侧再次结冰，以此往复，冰川缓慢推进。在中低纬度地区，由于冰融水活跃，冰川滑动占总运动量的20%~80%。尽管高纬度地区冰川的运动以塑性流动带的流动为主，但其底部由于基本接近或处于压力熔点，也有滑动。冰川运动过程中形成了一系列冰川地貌现象，如裂隙、褶皱等，此外冰川侵蚀、搬运和沉积作用也都与冰川运动有关。

冰川的运动速度受运动机制、气候条件、地形地貌、冰川规模

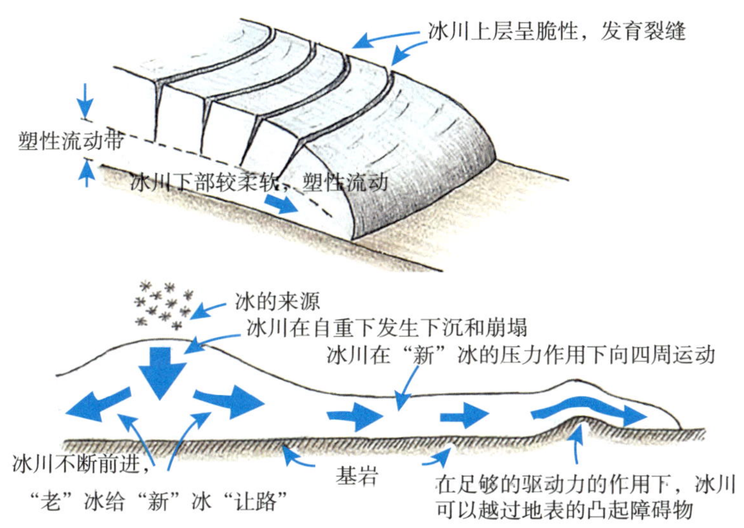

◎ 冰川运动示意图

（来源：https://www.sohu.com/a/233247428_170284）

与形态等多因素综合作用影响。冰川的运动速度随时间变化，主要由气温、融水过程波动引起，一般夏季流速高于冬季，消融期白天流速高于夜间。我国山地冰川的运动速度一般为每年几米到几十米，以致肉眼难以发觉冰川的运动。不同地区冰川的运动速度有一定差异，目前世界上已知运动速度最快的冰川，其速度达到日均几十米。总体来说，冰川的运动速度比较缓慢，但有些冰川会在长期缓慢运动或退缩之后，突然爆发式地向前推进，且为周期性发生，该现象被称为跃动，是冰川的另一种运动。冰川的跃动机制目前尚无系统解释，可能与冰川内部不稳定性、水的影响（如降水增加）等有关。冰川跃动时的运动速度比正常时期要快几十倍甚至数百倍，此时大量冰体被快速输送到冰川末端数千米之外的地方，这可能会引起冰川灾害。

20.为什么冰川有时候是蓝色的?

◎ 蓝色的冰川

（来源：https://baijiahao.baidu.com/s?id=1693313631349282527&wfr=spider&for=pc）

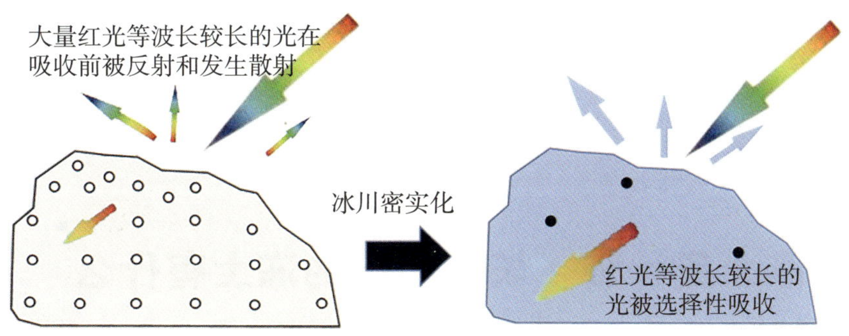

◎ 蓝色冰川颜色形成机制示意图

我们在日常生活中见到的冰雪都是白色的，其实冰川在形成的初期也是白色的。但随着冰川冰变得密实，其中的气泡逐渐减少以及冰层逐渐加厚，冰川通常会呈现出蓝色。冰川冰呈现蓝色与天空呈现蓝色的原理相同，都与光的吸收和反射作用相关。可见，光中的红色光、橙色光的波长较蓝色光的长，不易散射且具有较好的穿透作用。刚形成的冰川冰中仍有许多微小的气泡，入射光会在冰—气泡界面以及冰晶粒之间的晶界产生反射，红色光等波长较长的光在被冰川吸收前，就已经被反射或折射回来，因此人眼看到的冰川仍然是白色的。随着时间的推移，多年的冰川冰因压缩而变得更加密实，冰川冰中的小气泡逐渐消失，光线在反射和折射之前已深入冰中，可见光中波长较长的红色光、橙色光被吸收，波长较短的蓝色光因易于发生散射、不易被吸收，而被留下来反射到人眼中，这个过程使得冰川看起来是蓝色的。冰层越厚，这种情况就越明显，类似于深水池的颜色比浅水池更蓝。

21.冻土是什么，长江源区的冻土有什么特殊性？

冻土是一种特殊的岩土，是岩土颗粒为冰胶结所形成的土。冻土中的冰可以是冰晶或者冰层，其尺寸大小不一。

根据土壤和岩石持续冻结的时间，可将冻土分为三种类型：短时冻土、季节冻土和多年冻土。其中，短时冻土是持续时间只有数小时、数日至半月的冻土；季节冻土是指地壳表层冬季冻结、夏季全部融化的土壤或疏松岩土层；多年冻土是冻结状态持续两年或者两年以上的土壤或岩石。

青藏高原多年冻土是随着自然气候的波动，在高原植被、雪盖、地表水、地下水和地质构造及地貌的形成演化等地理、地质因素共同作用下的结果，通过活动层、植被和雪盖与大气相互作用而形成和发展。冻土通过水热循环过程，将气候、水文、生态和环境紧密地联系在一起。

青藏高原多年冻土区，发源了我国长江和黄河两条最大的河流。该区域的陆面生态系统及水文过程在很大程度上受到冻土环境的制约，具有显著的地域特征。长江源区高原面上降水量约400mm，但却广泛分布着高寒沼泽湿地和高寒草甸。正是由于多年冻土的存在，这里才形成了青藏高原分布面积最广的草地生态系统。

◎ 自然界中的冻土

22.冻土退化对长江源区有何影响?

冻土的存在使得分布在长江源区的冷生植物群落、与冻土有关的水热变化过程及在该环境下形成的与生态系统协同发展着的水分传输过程和水热平衡规律，与其他地区存在较大的差异。

目前的研究认为，冻土变化是长江源区高寒草甸与高寒沼泽湿地大面积退化的主要原因。长江源区近几十年来，生态退化和河流、湖泊、沼泽、湿地等水文环境的显著变化，与土壤冻融循环过程及冻土退化密切相关。

多年冻土活动层作为高寒生态系统的下界面，是大气与多年冻土的能量交换带，多年冻土与大气之间的相互作用主要通过活动层中的水热动态变化过程实现，其变化会导致土壤持水性变化，从而改变植被的生存环境。活动层特殊的水热交换是维持高寒生态系统稳定的关键所在。冻土及其孕育的高寒沼泽湿地和高寒草甸生态系

◎ 冻土退化的草地

统具有显著的水源涵养功能，是稳定长江源区水循环与河川径流的重要因素。地表的植被、积雪和土质等条件直接影响多年冻土区活动层的厚度、年平均地温等的变化及地表植被、水分等条件，与多年冻土的发生和发展有着相互依存、相互发展的关系。

23.气候如何影响冻土的形成和分布?

冻土是岩石圈—土壤—大气圈系统热质交换的结果。气候、地质构造和地形等地理地质因素是影响自然界中冻土形成的主要因素，其中，气候因素主要包括地表辐射、气温、降水、积雪以及云量和日照等。气温和降水直接作用于地表，改变地表的热交换量。积雪的隔热性能很强，会妨碍冬季地面散热，从而使地温升高。研究表明冬春降雪对土的冻结有抑制作用，而夏秋降雪则有助于冻土的保存。云量和日照决定了地面所接受的太阳辐射热量，从而影响地面和土层温度的变化。正是这些气候因素的共同作用，改变了土壤的热交换量，从而改变了岩石圈表层可积累的热力循环值，即热通量，进而对冻土层的热状况、温度动态、分布、埋藏、成分等特征及冻土地质的冷生过程和现象的不断变化起着决定性的作用。

在自然界中，冻土现象随处可见。岩石和土壤的冻结状态持续的时间并不一致，有些持续数日或数小时，有些持续数月，而有些可以不间断地持续多年、若干世纪，甚至上千年。在多年冻土区的有些地区，只有表层几米的土层处于夏融冬冻的状态，该层被称作季节融化层或季节活动层。在多年冻土区内，不同成因和面积大小不等的融区，制约着多年冻土分布的连续性。因此，多年冻土区又有连续分布和不连续分布之分，后者又可进一步分为断续、大片、岛状及零星分布的冻土区。

在我国，短时冻土分布在秦淮线与南岭线之间的地区。我国季节冻土分布于大部分国土，包括贺兰山—哀牢山线以西的广大地区，以及此线以东、秦岭—淮河线以北的广大地区。我国多年冻土面积约 215 万 km^2，约占国土面积的 22.4%，主要分布在东北大兴安岭、小兴安岭和松嫩平原北部，以及西部高山和青藏高原，并零星分布在季节冻土区内的一些高山上。东北多年冻土主要受纬度地带性制约；西部高山、青藏高原多年冻土主要受海拔高度控制。

青藏高原多年冻土区是世界中、低纬度地带海拔最高、面积最大的冻土区，其多年冻土分布的下界为海拔 4150~4700m。青藏高原作为气候变化的敏感区、先兆区和放大器，在全球气候变暖的背景下，冻土退化对其水文过程、生态环境和土壤生物地球化学产生了很大的影响。同时，随着活动层的增厚，多年冻土中储藏的碳水化合物，逐步释放到大气中，进一步影响了区域气候甚至全球气候的变化，这些都与活动层冻融过程中的水热状况和输运特征密切相关。

24.冻土地区的水文过程有何特点?

冻土是一种含冰晶的特殊土水体系，冰晶的出现与存在使水分运动的驱动力和土壤介质的物理特性都发生了改变。无论是在多年冻土区还是季节冻土区，地表层都存在一层冬冻夏融的冻结—融化层。冻结期，降水转为积雪，土壤水分从地表向下冻结，水分在水势梯度的作用下不断从未冻结区向冻结区迁移，沿冻结锋面凝结，导致土壤含水量增加 20% ~ 40%。融冻期，由于冻土具有不透水性，融雪和降水入渗到冻结层中并形成冻结层上水，上层土壤含水量增加，易于饱和。另外，冻结层温度低于冰点，融冻时需吸收大量热量，蒸发受到抑制。因此，在冻土地区产汇流过程中，多年冻土活动层和季节性冻土融化层的融冻速度和深度的不断变化，打破了土壤水热平衡状态，致使冻土区的流

◎ 冻土

域蓄水容量、降水下渗强度和蒸发能力等不同于无冻地区和无冻期。冻土条件下的水文过程具有其本身的特殊性，是一个十分复杂的过程。

25.如何在冻土上修建工程设施？

地处青藏高原腹地的长江源区分布有大量多年冻土与季节性冻土。冻土区冬季岩土膨胀、地面隆起，而夏季冻土融化、地基沉陷，冻土的融化和冻结，非常不利于修建工程设施。因此，保持冻土层稳定就成为在源区成功修筑公路、铁路、桥梁、隧道等工程的关键。控制冻土温度成为工程建设者解决土地冻融问题和保障路基稳定的主要思路，于是，“制冷机”“土空调”“防晒衣”应运而生。

被喻为“制冷机”的热棒，是一种高效导热装置，不需要任何能源，由碳素无缝钢管制成，内部为空心结构，填充有沸点极低的液氨、氟利昂、丙烷、二氧化碳等物质。热棒主要分为上、下两部分，上半段是散热段，装有散热片；下半段是吸热段，直接埋进冻土中。当热棒下端吸收热量后，液态物质会转化为气态物质，然后上升至冷凝器。外界温度较低，使得热棒上段温度也低，气态物质会遇冷液化并回到热棒下端，同时放热，这样就实现了释放热量的目的。热棒中的物质在气态和液态之间不断进行转换，依靠优良的导热性，源源不断地带走路基的热量，使其保持稳定。依照此原理，在路基两旁分别插上一排热棒，无论春夏秋冬，路基下的冻土都能保持冰冻状态，避免了冻土发生膨胀或缩小。

被称为“土空调”的抛石路基技术，通过在冻土层路基的中间抛填具有一定厚度的碎石块，并保证碎石块不完全填实，以利用间隙中空气形成对流，阻止外来热量进入，使冻土层的温度不随外界气温的变化而变化，有效地保持了冻土的稳定性。

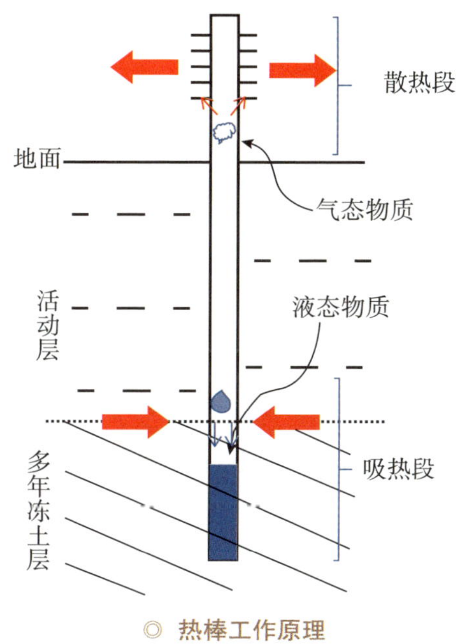

◎ 热棒工作原理

为了有效减小太阳照射对路基温度的影响，工程人员还给路基的边坡安装了一层遮阳板材，这就是“防晒衣”。

◎ 青藏高原路基边的热棒

此外，对于极不稳定的高含冰量冻土，热棒、抛石路基都无法发挥作用，以桥代路成为又一解决方案。以桥代路将桥墩打入冻土层深层，依靠桥墩与冻土层间的摩擦力为路基提供稳定性，将冻土冻融对路基的影响减至微乎其微。这些手段在应对我国青藏公路、铁路等重大工程建设中的冻土问题时发挥了巨大作用。

26.冻土退化对生态环境有什么影响？

受气温升高、降水增多等气候变化及过度放牧等人类活动的影响，长江源区冻土逐渐退化，主要表现为冻土温度升高、冻结持续天数缩短、活动层厚度增大、多年冻土层厚度减小、长期被埋藏的地下冰缓慢融化。多年冻土层透水性较差，在一定程度上阻隔了大气降水和地表水同地下水之间的联系，提高了流域融雪和降雨径流的产流量。而随着地温的升高，冻土消融，活动层增厚，地下冰转

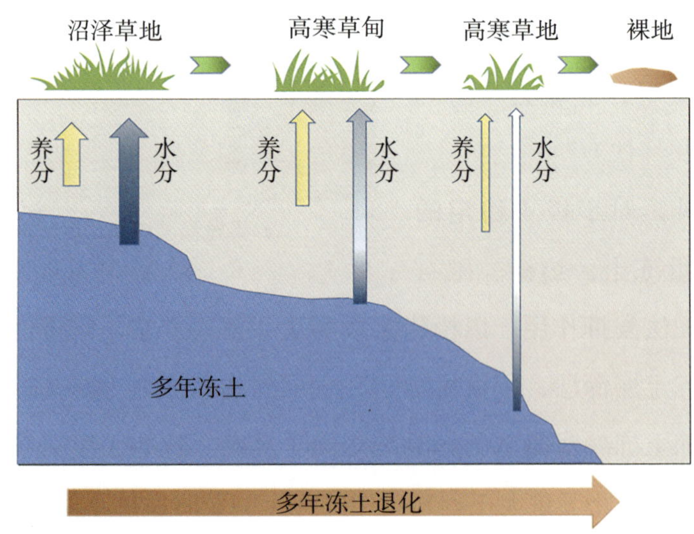

◎ 冻土退化对植被的影响示意图

为液态水，多年冻土层隔水作用减弱，冻结层以上的水位下降。还将直接影响到地下水补给、径流路径和排泄过程，其中释放的部分液态水将参与区域乃至全球水循环。冻土退化带来的水热变化还易引发热融塌陷现象，诱发地质灾害。长江源区冻土退化对冻土区产汇流过程及源区水循环过程的影响，也终将影响到“亚洲水塔”功能的稳定。

◎ 热融塌陷（拍摄者：闫峰）

多年冻土的融化还将导致冻土区植被生态系统的退化及荒漠化。多年冻土层的隔水作用，使得活动冻土层能够蓄积水分，为植物的生长提供水分和养分。但当多年冻土层上限下降甚至消失时，土壤水分发生迁移，活动层水分向深处流失。冻土区寒冷、干旱的气候，加之土壤水分流失，将导致植被衰退、土壤裸露破碎及荒漠化形成。

多年冻土层的形成经历了漫长的时间，积累了大量的灰尘、植物根系和其他有机物，吸附了大量的碳。只要多年冻土层保持冰冻状态，碳就不会从土壤中释放出来。但是，当温度升高后，冻土融化，有机物随之解冻，微生物也开始分解这些有机质，释放温室气体，从而促使气温进一步升高，形成恶性循环。

此外，冻土可能封冻了大量的远古病菌，这些病菌可能会随着冻土退化而释放、复活，对包括人类在内的地球现有生物造成威胁。

·问源·

第四章

河湖水系

（含地下水）

27.长江的源头在哪里?

公元前475—前221年的战国《禹贡》上记载“岷山导江”，认为长江发源于岷江。直到明代地理学家徐霞客循金沙江而上，抵达云南石鼓附近，提出“江出自昆仑之南”，鲜明地主张把金沙江作为长江正源。但金沙江的源头到底在哪里，一直有不同的说法。在20世纪70年代以前，发源于唐古拉山的布曲或尕尔曲都曾被认为是长江的源头。

直到1976年、1978年，水利部长江水利委员会（以下简称“长江委”）先后组织了两次长江源考察，对长江源头水系及其发源地进行科学探查。考察确定长江有三个源头：正源沱沱河、南源当曲和北源楚玛尔河。初步确定唐古拉山的主峰各拉丹冬西南侧的姜根迪如冰川为长江之源，修正了长江的长度，长江的长度由世界排名第四变成了世界排名第三，改写了世界江河的排名。

◎ 沱沱河源头（姜根迪如冰川）
（拍摄者：周银军）

◎ 楚玛尔河上游
（拍摄都：周银军）

◎ 1976年长江源科学考察（来源于长科院）

28. 长江源范围有多大?

长江源区位于青藏高原腹地，青海省西南部，以巴塘河汇口为界，流域控制面积 13.82 万 km^2，占三江源面积的 44.6%，占青海省面积的 19.1%，占长江流域总面积的 7.7%。

长江源区涉及玉树藏族自治州玉树市、杂多县，称多县、治多县、曲麻莱县，以及海西蒙古族藏族自治州格尔木市唐古拉山镇。

长江源区为半封闭状态的高原腹地，南北侧分别为昆仑山脉和唐古拉山脉，西侧为藏北羌塘内陆湖区，东北侧为巴颜喀拉山。从整体来看，地势西高东低，南高北低，河流呈扇形水系分布。

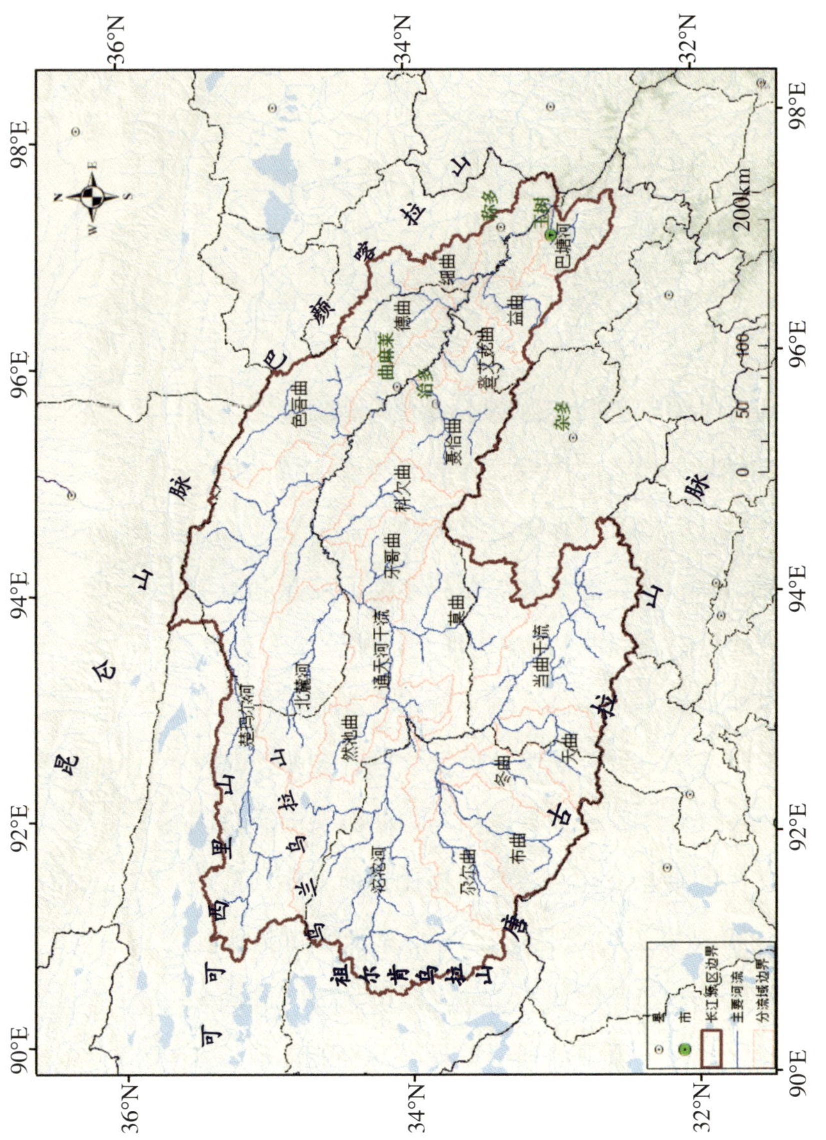

◎ 长江源范围示意图（制图者：闫霞）

29. 长江正源是怎么确定的？

国际上河流正源确定的标准有“河源唯长”“流量唯大”“与主流方向一致”，同时考虑流域面积、河流发育期、历史习惯等确定源头。

长江三源，最长的是北源楚玛尔河，流量和流域面积最大的是南源当曲，而沱沱河是目前公认的正源，主要理由如下：一是沱沱河中下游走向与通天河及长江干流走向基本一致，居南北两源之间；二是沱沱河源头——各拉丹冬姜根迪如冰川与当曲源头霞舍日阿巴山（或者且曲源头扎西格君）相比，前者距长江入海口直线距离更远；三是沱沱河发源于唐古拉山主峰——各拉丹冬，其海拔 6621m，藏语意为“高高尖尖的山峰”，在三源中地理位置最高，也能体现长江发源于“中华水塔”的特点。

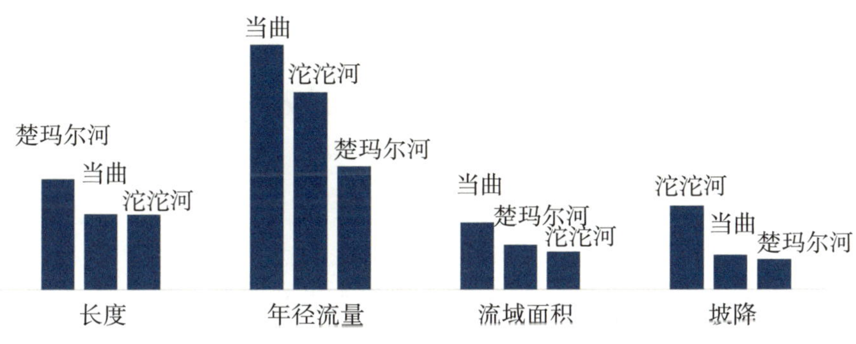

◎ 长江三源河流特征值排序示意图

◎各拉丹冬峰（拍摄者：周银军）

30. 长江源区有多少条河?

长江源区水系纵横、河网发达，集水面积 50km^2 以上的大小河流有 754 条，其中一级支流 110 条。长江源区庞大的水系呈扇状分布，由北向南依次为北源楚玛尔河水系、正源沱沱河水系、南源当曲水系及通天河水系。

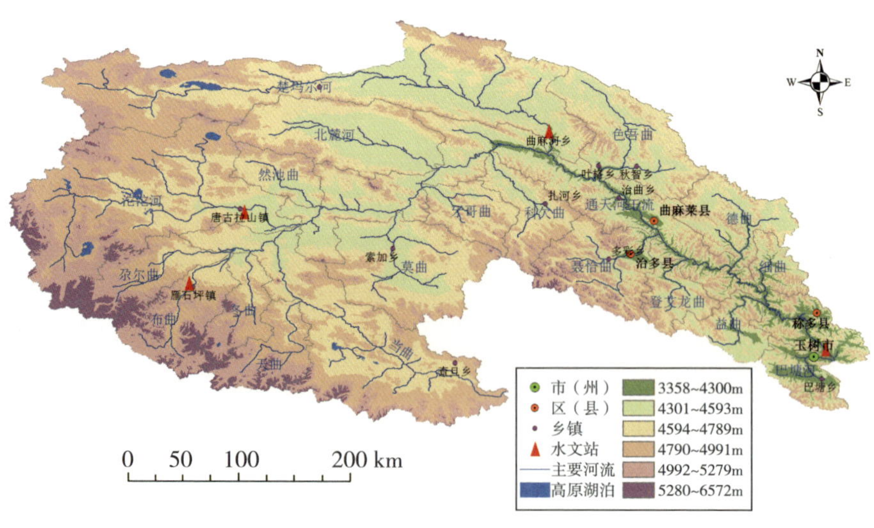

◎ 长江源水系图（制图者：闫霞）

◎ 当曲

◎ 通天河

沱沱河发源于各拉丹冬雪山西南侧的姜根迪如冰川，以波陇曲汇口为节点分为上、下两段，上段为南北流向，主要接纳两侧冰川融水；下段为西东流向，主要流经沱沱河盆地。楚玛尔河发源于昆仑山南支可可西里山黑脊山南麓，流域上游分布有诸多高原湖泊，楚玛尔河水系呈狭长羽毛状，支流均不长。当曲发源于唐古拉山东段的霞舍日阿巴山，源头段两侧对称平行分布多条支流，下游较大支流有尕尔曲及二级支流冬曲、布曲，当曲流域水系呈扇形。通天河干流起始于当曲与沱沱河汇口处囊极巴陇，随后基本沿一弧形断裂总体流向北东东，两侧支流对称分布，形成平行水系。

31. 长江源河流的类型有哪些？

长江源河谷地貌分为三类：高原冲积河型、丘陵宽谷河型和高山峡谷河型。其中，高原冲积河型河谷宽浅、两岸无明显约束，河床宽也多在 1km 以上，平面为游荡型或多股分汊型，如沱沱河；丘陵宽谷河型河谷相对宽浅、两侧或一侧有低矮山体，限制了河道的平面摆动，但由于河道相对较宽，平面除单一河型外，还可发育弯曲分汊或多股分汊形态，如通天河上段、莫曲、科欠曲等；高山峡谷河型则河谷窄深，河道受两侧山体控制，平面形态单一，如通天河下段。

◎ 高原冲积河型——沱沱河（拍摄者：闫霞）

◎ 丘陵宽谷河型——通天河曲麻莱段（拍摄者：徐平）

◎ 高山峡谷河型——通天河下段（拍摄者：闫霞）

32.长江源区有多少个湖泊?

长江源所在的青藏高原湖泊广布，面积超过 $1km^2$ 的湖泊数量超过 1400 个，源区内共有大小湖泊 1.1 万多个，湖泊总面积约 $1027km^2$。绝大多数湖泊都发育在海拔 4000~5000m 的区间内。其中，超过 65% 的湖泊发育在海拔 4500~5000m 的区间内，超过 30% 的湖泊发育在海拔 4000~4500m 的区间内。也就是说，湖泊主要分布在西部高海拔区，如多尔改错、雀莫错、苟鲁山克错、玛章错钦。

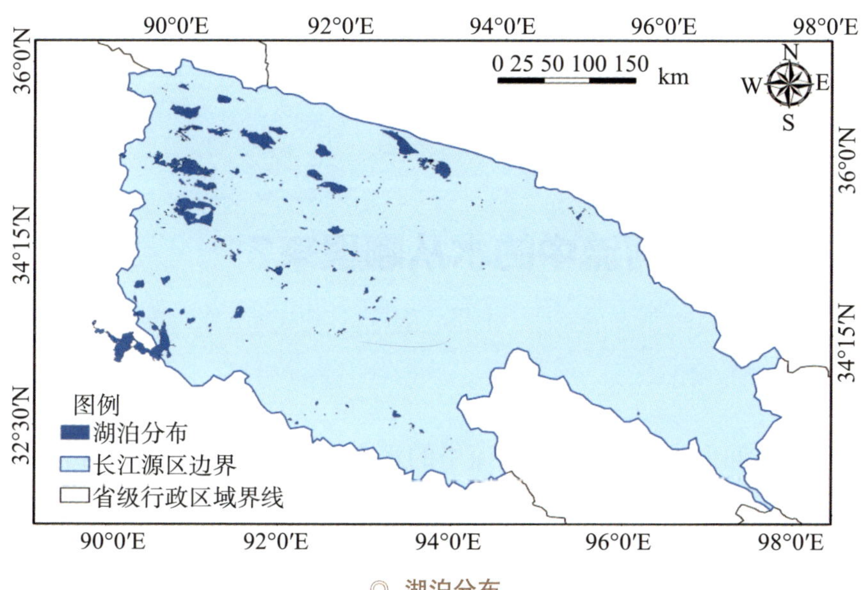

◎ 湖泊分布

（存在可可西里部分湖泊扩张、溢流并与长江源连通现象，制图者：陈齐）

◎ 可可西里盐湖

33.长江源河流中的水从哪里来？

从空间上来看，长江源河流中的水来源于地表面以下的地下水、冻土融水，地表面上的冰川、积雪融水，以及天上的水蒸气、降水。从形态上来看，长江源河流中的水来源于固态的冰、雪、冻土，液态的降水、地下水，气态的水蒸气。与温带地区相比，长江源区水循环过程存在巨大不同。仅从补给来源来说，长江源区河流的补给来源多样，不仅有类似于温带的降水、地下水，也有高寒区特有的冰川、积雪、冻土融水等。其径流形成过程更为复杂且对气候变化尤为敏感。由于地理位置和高程的不同，河流中补给源的比例或重要性也不甚相同。长江源区独特的地理环境和气候条件，使固相的冰雪、冻土在河流补给过程中意义重大。冻土作为长江源区下垫面的主要构成，在气候变化背景下，对河道径流的形成具有深刻影响。长江源河流中60%以上的水来自地下水（包括冻土融水），在冬季这一比例甚至高达90%以上，但增温背景下的冻土退化及活动层变化会破坏地下水和地表水的补给、径流、排泄条件，使水资源的稳定性与生态环境遭到严重破坏。

◎ 冰川、积雪融水（拍摄者：李艳丽）

◎ 沼泽中的水（拍摄者：闫霞）

34. 长江源的“五曲归宗”是什么意思?

站在囊极巴陇的高山上向西南眺望，远方各拉丹冬雪山熠熠生辉，脚下数条河流浩浩荡荡蜿蜒而来，最终汇合归一，这个壮观景象被形象地称为“五曲归宗”。这些河流从北向南分别是沱沱河、尕尔曲、布曲、冬曲、当曲，在宽阔的高原上形成巨大的扇形水系。这五条河流除当曲外都发源于冰川，位于中间的尕尔曲曾一度被认为是长江源头主流，直到今天，青藏公路跨越尕尔曲的大桥仍被称为“通天河大桥”。随着江源科学考察的深入，这些河流的从属关系也被认清：尕尔曲和冬曲都是布曲的支流，布曲是当曲的支流，当曲和沱沱河在囊极巴陇汇合，这里便是通天河起点。

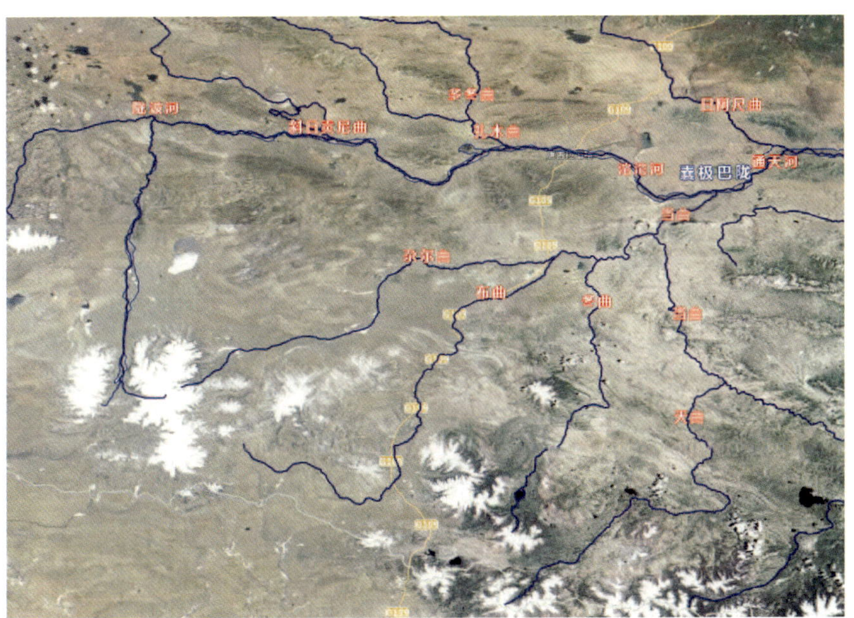

◎ “五曲归宗”影像图（制图者：闫霞）

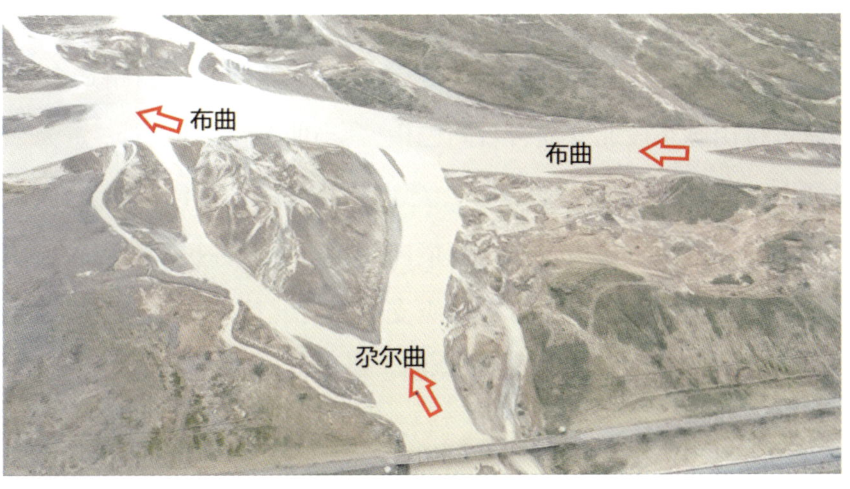

◎ 尕尔曲和布曲汇口（制图者：周银军）

35.长江源的那么多条支流，哪一条最长？

长江源最长的支流是楚玛尔河，全长530km，楚玛尔河旧称“那木其沱乌兰木伦”，系蒙古语音译，意为“像树叶一样的红色长河”，发源于青海省玉树州治多县境内昆仑山脉南支可可西里山东麓，流经治多县和曲麻莱县。

其次为当曲和沱沱河，当曲自源头至囊极巴陇汇口长约352km，较沱沱河长10余千米。当曲发源于青海省玉树州杂多县境内唐古拉山脉东段北支霞舍日阿巴山，“当曲”系藏语音译，意为“沼泽河”。沱沱河系蒙古语音译，意为“滔滔的红水河”，发源于青海省海西州格尔木市唐古拉山镇境内唐古拉山脉各拉丹冬雪山群中。

长江源长度大于100km的一级支流还有北麓河、聂恰曲、扎木曲、益曲、色吾曲、口前曲、德曲、莫曲、斜日贡尼曲、日阿尺曲、牙曲、登额曲。

◎ 沱沱河唐古拉山镇段（拍摄者：闫霞）

◎ 楚玛尔河五道梁段（拍摄者：闫霞）

◎ 当曲上游（拍摄者：闫霞）

36. 西游记里的通天河跟长江源地区的通天河是一条河吗？

答案是否。《西游记》中唐僧师徒披星戴月、风餐露宿，逢山开路，遇水搭桥，来到通天河，这里距长安五万四千里路，正好是到西天的一半距离。而现实中，通天河位于青海省玉树市，上起囊极巴陇，下至巴塘河口，全长 886km，距离西安（古城长安）约 2000km。从距离上判断，并非《西游记》中的通天河。

那么，历史上唐玄奘取经是否有经过这里呢？玄奘从长安西行，经河西走廊进入大唐西域，过天山至今中亚，再南下至今阿富汗、巴基斯坦、印度。由此可见，玄奘取经也没有经过通天河。

但是通天河的确是唐蕃古道上一个重要的渡口。唐蕃古道起点是唐王朝国都长安（今陕西西安），终点是吐蕃都城逻些（今西藏拉萨），跨越今陕西、甘肃、青海、四川和西藏 5 个省区，全长约 3000km，是横贯我国西部，跨越举世闻名的“世界屋脊”，联通我国西南的友好邻邦的“黄金路”，故亦有“丝绸南路”之称。

◎ 通天河

◎ 唐蕃古道路线图

（来源：https://www.163.com/dy/article/G68CIG820544U5YK.html）

37. 长江源区的湖泊面积还会增大吗？

答案是会。长江源区位于青藏高原腹地，河网水系发达，冰川、沼泽、湖泊密布。由于气温升高，冰川融化，长江源区水体面积呈现增加趋势。例如，过去 40 年来，气温每升高 1℃，长江源区的湖泊湿地面积平均增加约 $100km^2$。青藏高原多年冻土区由于其独特的地质构造和气候变迁史，有着特殊的发育历史和特征。较高的海拔和严酷的气候条件使得高原上发育的多年冻土区面积约 140.1 万 km^2，占青藏高原总面积的 54.3%，是世界上中低纬度海拔最高、面积最大的多年冻土区。近年来，随着全球气候变暖和人类活动的加剧，冰川退化、冻土消融、降水量增加，这些都会增加湖泊来水，导致湖岸线的对外扩张，湖泊面积增加。因此，长江源区的湖泊面积还会增大。

◎ 长江源头冰湖（拍摄者：张永）

◎ 岗加曲巴冰川下的滔滔融水（拍摄者：周银军）

38.没降雨的时候，长江源头为什么仍然滔滔不绝？

长江源储存巨大的淡水资源，其赋存形态为固态、液态和气态。固态水主要以积雪、冰川和地下冰为主，液态水主要以河流地表水、土壤水和地下水为主，气态水为大气中水汽。大气降雨是长江源区的主要补给源。在自然循环下，各种形态之间的水发生相互转化。当降雨发生时，因形成明显的地表径流而导致河水流量增加，但当降雨停止后，河流依然能维持较大流量，若没有了降雨，那河流中的水从何而来呢？

在长江源区，没有降雨的时候，河流中的水主要来源于沿线地下水补给、冰川冰雪融水补给和冻土融水补给。即使在冬天，地下水也会持续不断向河流补给。

◎ 积雪融化补给河流（拍摄者：周银军）

39.“不冻泉”为什么冬天不结冰?

“不冻泉”，又称昆仑泉，处于三江源保护区与可可西里保护区的交界处（国道 G109 和 G215 交叉处），海拔 4591m，是昆仑山中最大的不冻泉，水温常年维持 2~5℃，水量稳定，不受地表气温条件影响。即使在冬天，地表气温低于 −20℃以下的情况下，泉水仍然源源不断从地下流出，形成独特的不冻泉景象。

不冻泉是由于区域地质构造运动而形成的上升泉（泉水从泉眼垂直往上冒）。不冻泉处于北西西向压扭性断裂（隔水）和北北东向张扭性断裂（导水）交会处。深层承压地下水沿着张扭性断裂，从深部向地表运动，以喷涌的姿态出露于地表。不冻泉主要由昆仑山冰川融水进入地下，通过长达 10 年的运动抵达不冻泉，同时也接受部分大气降水补给。深部地下水处于该区域永久冻土层之下，在深部稳定的地层加热作用下，其水温常年维持在高于0℃以上的状态，且不受地表气温的波动而波动。

◎ 不冻泉

40. 地下冰会融化吗？

◎ 地下冰

长江源属于高海拔寒冷区，在冬季地表会形成一定厚度的冻土层，冻土层中的水会成为地下冰。冻土层分为季节性冻土层和永久性冻土层。在地表气温高于 0℃的季节（5—10 月），在太阳的照射下，表层的冻土开始融化，地下冰由固态变成液态的地下水，随着温度的持续升高，冻土融化深度逐渐增加。如果在冬季来临之前，该区域冻土融化的最大深度超过了冻土层的深度，则该区域就是季节性冻土区，其冻土中储存的地下冰每年都会融化，然后在冬季（11 月至次年 4 月）逐渐形成；如果在冬季来临之前，该区域冻土融化的最大深度尚未超过冻土层的深度，则该区域就是永久性冻土，冻土融化的最大深度以下的地下冰则长年不会融化。

随着全球气候变暖，长江源区暖湿化明显，永久冻土层逐渐向季节性冻土层转化，越来越多的地下冰融化，转化为地下水，并有可能向地表河流排泄。

·问源·

第五章

湿地

41.什么是湿地?

狭义上的湿地指地表过湿或经常积水，生长湿地生物的地区。广义上的湿地指地表常年或季节性积水、地下水埋深较浅的区域。

由于湿地复杂的构成，各国对其的理解和定义不尽相同。

国际上多采用《关于特别是作为水禽栖息地的国际重要湿地公

◎ 长江源湿地景观（拍摄者：赵保成）

约》（以下简称《湿地公约》）的定义，即不论其为天然或人工、长久或暂时的沼泽地、湿原、泥炭地或水域地带，带有静止或流动的淡水、半咸水或咸水水体者，包括低潮时水深不超过 6m 的水域，均是湿地。可以说，湿地是潮湿或浅积水地带发育成水生生物群和水成土壤的地理综合体。

而我国对湿地的定义以《中华人民共和国湿地保护法》中的规定最为权威："本法所称湿地，是指具有显著生态功能的自然或者人工的、常年或者季节性积水地带、水域，包括低潮时水深不超过 6m 的海域，但是水田以及用于养殖的人工的水域和滩涂除外。"

长江源湿地也是"湿地家族"中的重要一员，有着独特的湿地生态系统。

42.湿地形成需要满足哪些条件？

湿地位于陆地和水体的过渡地带，其形成往往需要具备3个条件：太阳辐射弱，降水多，蒸发量少；地势低洼，有利于水流汇集；冻土广布，不利于水流下渗。

另外，在一些特殊区域，如热带区域、高原等，也会形成湿地。热带区域因降雨丰沛、排水不畅而形成湿地；高原（如青藏高原）因温度低、蒸发弱、冻土广布而导致雨水下渗困难等情况，由此形成湿地。

◎ 长江源湿地景观（拍摄者：赵保成）

43.湿地类型有哪些?

◎ 高寒湿地的草场（拍摄者：徐平）

《湿地公约》将湿地分为天然湿地和人工湿地两大类。我国湿地分布范围广泛、种类多样、生物多样性丰富，按照《中国湿地保护行动计划》将湿地分为浅海和滩涂湿地、河流湿地、湖泊湿地、沼泽湿地、人工湿地。

浅海和滩涂湿地位于陆地和海洋之间的低潮时水位不超过 6m 的永久浅海域。在我国，该类湿地主要分布在沿海各省，是海洋和大陆之间相互作用最强烈的区域。

河流湿地连接内陆和湖泊或海洋，常年有流动水体，属于流水生态系统。

湖泊湿地是河流的汇集地，湖水不流动或很少流动，属于静水生态系统。

沼泽湿地是最主要的湿地类型，约占全球天然湿地面积的 85%。在我国，沼泽湿地在各省都有分布，但集中分布在寒温带、温带湿润气候区。在我们熟知的大兴安岭、小兴安岭、三江平原、辽河三角洲、三江源区等地都有分布。

人工湿地是指人为建造的一些工程湿地系统，往往用于净化污水、调蓄和灌溉。由于长江源区人口密度较低，这类湿地在长江源相对较少。

44.长江源区湿地多吗？

长江源地处三江源腹地，位于昆仑山脉与唐古拉山脉之间。长江源的河流主要以正源沱沱河、北源楚玛尔河、南源当曲为主框架。围绕这三条主要河流，长江源区形成了大量的湿地。

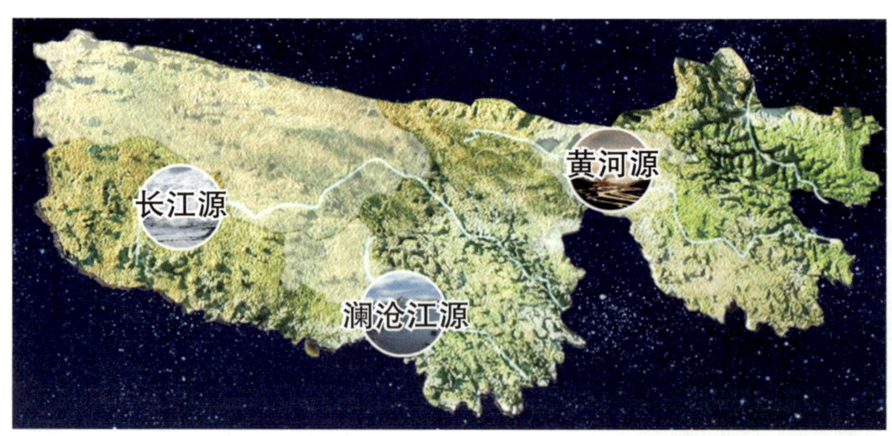

◎ 三江源位置（图片来源于三江源国家公园管理局）

◎ 三江源湿地景观（拍摄者：张双印）

长江源区的湿地类型主要包括河流湿地、湖泊湿地、沼泽湿地等。其中，湖泊湿地数量最多，约 1.1 万多个，总面积约 1027km^2，最大的湖泊湿地面积约 145.9km^2。

45. 长江源区湿地的特色是什么?

作为青藏高原的湿地区域，长江源区湿地的首要特色是海拔高，平均海拔达到4760m以上。想象一下，在“世界屋脊”的某一平坦区域，河网密布，落日余晖，人与自然和谐共生，那是多么壮美的一幅画卷。

众所周知，海拔每升高100m，气温约下降0.6℃，海拔高意味

◎ 长江源内国家一级保护野生动物藏羚
（图片来源于三江源国家公园管理局）

◎ 三江源区的冰川（拍摄者：赵保成）

着气温低，这就形成了长江源区的第二个特色——气温低。长江源区湿地的气温与青藏高原腹地大致相同，年平均气温低于 0℃，对动植物生长等构成了严重威胁。

另外，长江源区存在永久性冻土，使雨水下渗受到影响。湿地的水量受季节性融雪的影响较大。在每年 7—8 月，气温升高，冰川和积雪开始融化，湿地水量增多。

46.长江源区湿地面积有多大?

◎ 长江源区美景（图片来源于三江源国家公园管理局）

长江源区的地理范围主要涉及青海省玉树州和海西州格尔木市 2 个行政区。

长江源区湿地面积近 2 万 km^2，相当于 3000 余个杭州西湖的湖面面积。

47. 长江源区湿地有什么功能?

长江源区湿地位于高海拔的生态脆弱区，为植被生长、动物饮水等提供了重要保障，在涵养水源、维持生物多样性和生态保护等方面具有重要的生态价值。

◎ 湿地蓄水景观（图片来源于三江源国家公园管理局）

◎ 动物栖息（拍摄者：张双印）

（1）涵养水源

长江源少有奔腾的江河湖海，更多的是涓涓细流。长江源的湿地调节了洪水和地下水的“矛盾”，通过吸纳地表水，再将其运输到地下河流，让两者和气地“牵手”。

（2）动植物的栖息地

由于水量充沛，湿地成为植物生长的“王国”，多种多样的植被，如藏红花、红景天、雪莲等，在这里生长。同时，由于水草肥美、食物丰富，它也成为鸟、鱼等动物栖息、繁殖的“天堂”。

（3）荒漠化的重要防线

长江源区生态脆弱，地表植被一旦被破坏就很难轻易恢复。湿地林草覆盖度高，水源涵养能力强，水资源量稳定，挡住了长江源区荒漠化的脚步。

48.长江源区湿地是哪些动物的家？

长江源区湿地水源丰沛，为动物栖息繁衍提供了良好的环境，是高原野生动物生存的乐园，藏野驴、野牦牛、藏羚、雪豹等珍稀动物都在此生活栖居，特别是长江源当曲湿地已成为我国高原珍禽

◎ 藏野驴（拍摄者：郑航）

◎ 黑颈鹤（拍摄者：郑航）

黑颈鹤的又一重要夏季繁殖地。

截至 2021 年，三江源区有国家重点保护野生动物 69 种。其中，国家一级保护动物有藏羚、雪豹、白唇鹿、野牦牛等 16 种；国家二级保护动物有盘羊、岩羊、藏原羚、藏棕熊等 53 种。另外，省级保护动物有斑头雁、赤麻鸭等 32 种。

49.湿地对国家“双碳”目标有哪些贡献?

湿地不仅可以调节小区域气候，还能吸收并存储大量的二氧化碳，将碳封存于其中。全球湿地面积仅占陆地面积的4%~6%，但其碳储量占整个陆地生态系统碳储量的12%~24%。

为了积极应对气候变化，阻止气候变暖的前进脚步，我们国家以身作则，提出了“双碳”目标，即力争2030年前二氧化碳排放达到峰值，努力争取2060年前实现碳中和的目标。“双碳”目标提出后，各行各业积极响应，采取了显著有效的行动。如水利部门扩大了对清洁能源水电的开发，推进抽水蓄能电站建设，这些都为优化能源结构贡献了力量。

湿地可以从减排、增汇两个方面助力国家“双碳”目标。

减排上，湿地植物经光合作用吸收二氧化碳，死亡后形成泥炭，而湿地的厌氧环境使其遗体分解过程缓慢，有效地减少了碳排放。

◎ 湿地固碳效益

增汇上，湿地是陆地上碳素积累速度最快的自然生态系统。以滨海湿地为例，其封存碳的速度约是热带雨林的50倍。因此加强湿地保护和修复，可以有效地增大湿地的碳储量。

因此，利用好我国的广袤湿地，有利于积极应对气候变化，有效缓解温室效应，对国家“双碳”目标的实现具有不可替代的作用。

50.湿地的温室气体怎么“串门”？

在长江源区乃至所有生态系统中，碳都以多种形式广泛存在于大气、地壳和生物之中，靠近地表区域的碳主要存在于土壤、植被、水体等地物中，存在形式和储量各有差异。长江源区湿地集土壤、水体、植被等地物于一体，碳会在这些地物之间“串门”，形成一个动态变化的过程。

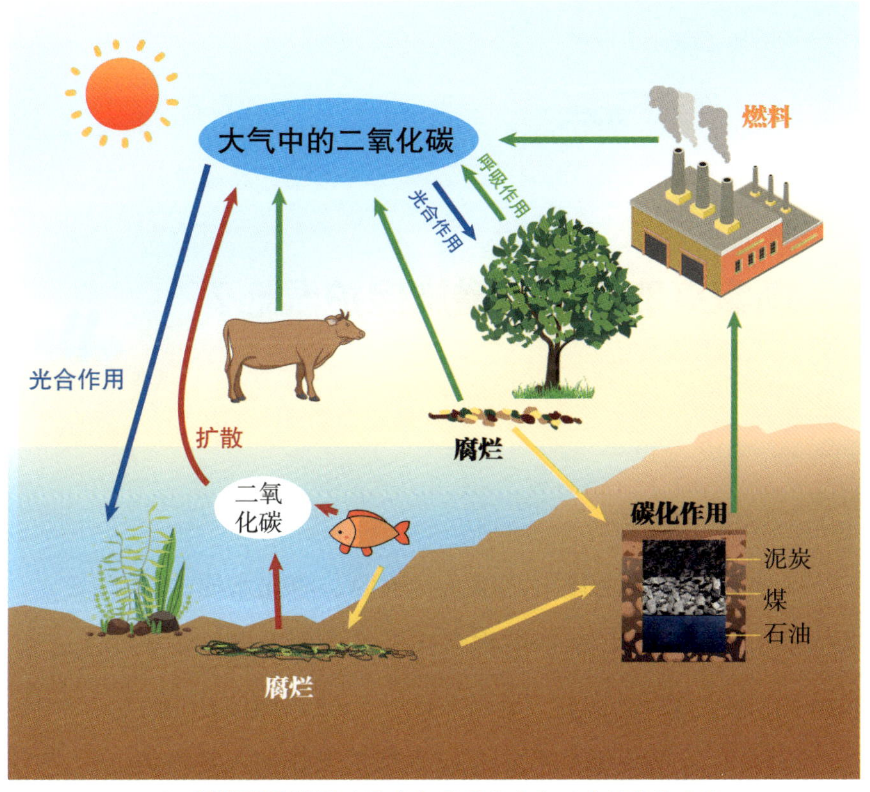

◎ 碳循环示意图（图片来源于广东省湿地保护协会）

在长江源区，大气中的碳会经过大气沉降到地表，也会经过植物光合作用转化为有机物储存在植物体内；动物和微生物通过消耗植物，进行碳的二次转化；在动植物死亡后，腐烂物一部分被微生物分解并释放温室气体到大气，另一部分腐烂碳化形成泥炭深埋湿地。另外，湿地土壤呼吸、水体底泥“冒泡”等也会释放温室气体进入大气。只有温室气体“跑来跑去”，碳的动态平衡才能得以维持。

51.国家采取了哪些措施保护湿地？

湿地是“地球之肾”，在涵养水源、净化水质、蓄洪抗旱、调节气候和维护生物多样性等方面发挥着重要作用。我国重视湿地保护，采取了宣传、立法等有力措施。

2014 年 1 月 13 日，我国把湿地保护工作纳入各级党委、政府的政绩考核，督促地方加强湿地保护。

2021 年 12 月 24 日，《中华人民共和国湿地保护法》通过，以立法的形式严格监管湿地保护，各级政府积极响应，筹建国家湿地公园，加强湿地保护。

2022年11月，在武汉举行了《湿地公约》第十四届缔约方大会，习近平主席在开幕式上发表《珍爱湿地 守护未来 推进湿地保护全球行动》的致辞，为湿地保护提供中国主张。

中华人民共和国生态环境部
Ministry of Ecology and Environment of the People's Republic of China

邮箱 繁 EN

搜索

热门搜索：环境影响评价 空气质量

国家核安全局

业务工作

当前位置：首页 > 业务工作 > 法规标准 > 法律

中华人民共和国湿地保护法

2021-12-27 字号：[大] [中] [小] [打印]

中华人民共和国湿地保护法

（2021年12月24日第十三届全国人民代表大会常务委员会第三十二次会议通过）

目 录

第一章 总 则

第二章 湿地资源管理

第三章 湿地保护与利用

第四章 湿地修复

第五章 监督检查

第六章 法律责任

第七章 附 则

◎《中华人民共和国湿地保护法》

52.科学家是如何保护湿地的？

科学家通过野外考察和室内分析等手段，了解湿地水体水质、动植物概况，提供政策建议，有针对性地保护湿地。

长科院、中国科学院、三江源生态保护基金会等机构组织多次

◎ 江源科学考察

◎ **野外实测和取样**（拍摄者：付重庆、张双印）

江源科学考察。结合国家和地方统筹，建立核心保育区、生态保育修复区、传统利用区等，保护长江源湿地。

在湿地碳汇变化监测上，科学家结合野外通量监测和室内碳组成化学分析，现场获取监测点多个界面之间的碳通量交换量，结合空间位置分析成分，获取湿地碳的空间分布特征。

53.我们能为湿地保护做点什么？

◎ 湿地

自然生态系统是一个有机整体，保护湿地，人人有责。我们普通人也能通过以下方式积极参与湿地保护：

1）节约用水，避免湿地萎缩。

2）学习《中华人民共和国湿地保护法》，参与湿地保护的普及宣传，争做湿地保护的代言人。

3）发挥监督作用，向相关部门建言献策，发现污染或破坏行为时，积极提醒、纠正、举报。

·问源·

第六章

植被生态与水土保持

54.长江源区有哪些重点保护植物?

长江源区是高原植物多样性最为集中的地区之一，依据《国家重点保护野生植物名录》，结合长期野外调查，经文献调研、植物分布区筛选，统计发现长江源区国家重点保护野生植物有两大类，包括 12 科 16 属 31 种。其中，被子植物 10 科 14 属 29 种，真菌 2 科 2 属 2 种。保护等级全部为二级。这些重点保护植物包括水母雪兔子（*Saussurea medusa*）、唐古红景天（*Rhodiola tangutica*）和久治绿绒蒿（*Meconopsis barbiseta*）等中国特有种或青藏高原特有种,具有很高的生物多样性保护价值。

◎ 长江源区保护植物水母雪兔子

55.长江源区草地植物的花有哪些颜色？

植物的花五颜六色，但是在花色的分类学研究中，通常把植物的花色分为纯色和复色两种主要类型。其中，花的纯色主要包括红、粉、黄、绿、蓝、白、橙和紫等，而花的复色一般包括粉红、紫红、橙红、豆绿、淡绿、水绿、金黄、橙黄、柠檬黄、粉黄、翡翠色和曙色等。当然，很多植物花的颜色具有不稳定性，会随着开花时间、光照或者土壤酸碱性等的变化而变化。

那么，花为何能够呈现出不同的颜色呢？这主要由花瓣中所含物质的种类和变化所决定。其中，色素这类物质是花呈现不同颜色及其变化的主要原因。花瓣中所含的色素主要分为两种类型：一类是类叶红素，也是我们常说的类胡萝卜素。它种类不多，多不溶于水，可变成黄色或橘黄色；另一类是黄酮类色素，包括红、蓝、紫等颜色的花青素和黄色的花黄色素等。虽然色素的种类非常多，但是在多数情况下与花的颜色有关的色素主要是花青素和类胡萝卜素。花青素存在于细胞液中，在酸性溶液中呈现红色，在碱性溶液中呈现蓝色，在中性溶液中呈现紫色。因此，含花青素的花瓣可呈现出红、蓝、紫等颜色。类胡萝卜素主要存在于有色体中，不同种类的类胡萝卜素，能使花显出黄色、橙黄色或橙红色。这样，花的颜色就可以通过花

◎ 长江源区五颜六色的花朵

青素和类胡萝卜素的种类、含量及所处溶液的酸碱度等进行调整。花便可以呈现出各种不同的颜色。

长江源区花的颜色具有什么特点呢？其实，在种类上，无论是纯色还是复色的，各种颜色的花在长江源区都有分布，如红色的红花绿绒蒿、粉色的垫状点地梅、黄色的蒲公英、绿色的青稞、蓝色的多刺绿绒蒿、白色的银缕梅、橙色的细叶亚菊、紫色的高山紫菀等，而且这些花的颜色也会随着土壤条件、光照和开花时间等发生变化。但是，为何人们总感觉高原上的花颜色更加鲜艳呢？这是由于高原上海拔高、大气稀薄、紫外线强烈，花朵需要通过花色的调整与自然选择来适应强紫外线的环境，花青素作为一种花色素，具有重要的抗氧化功能，因此高原植物通常会通过积累更多的花青素，让花色变得更深，以达到抵御紫外线、适应高原环境的目的。

56.歌曲里唱到的“格桑花”究竟是什么花?

藏族人口口相传的“格桑花”，又称格桑梅朵，它究竟是哪种植物呢？曾有研究从植物学的角度对格桑花的原植物进行了系统探讨，但发现格桑花并没有统一的植物认定。

以往大量的藏族影视、歌曲和杂志，常常以秋英（波斯菊）代表格桑花。秋英原产于墨西哥及南美地区，别名波斯菊（*Cosmos bipinnatus*），为菊科秋英属的一年生或多年生草本植物，并非西藏本地植物种类。同时，这种花在藏区另有其名，叫“张大人花”，由清末（1906 年）驻藏大臣张荫棠带到拉萨。因此，研究认为从物种引入我国的时间上来说，波斯菊并非严格意义上的格桑花。也有人认为，格桑花是菊科紫菀属（*Aster* L.）植物和翠菊（*Callistephus chinensis*）的一种广义的称呼。紫菀属中的多个物种都是传统藏药的原植物，如缘毛紫菀（*Aster souliei*）可用于治疗瘟疫、中毒症等疾病，符合民间传说中格桑活佛济世救人的故事，且这类植物在藏区分布广泛、适应性强，便于格桑花文化的广泛传播。另外，也有

◎ 长江源区“格桑花”金露梅

人认为蔷薇科委陵菜属的金露梅（*Dasiphora fruticosa*）为格桑花，因为这种植物极具耐寒性，在长江源通天河段广有分布。

当然，关于格桑花究竟是什么植物，笔者对藏区居民进行过实地调访，当问及“哪种植物是格桑花”的时候，他们往往指向了草地上盛开的美丽花朵。当特定地指向某种植物，问及其是否为格桑花时，他们回答为“是”；当指向另外一种植物时，回答也是一样的；当问及第三种、第四种植物时，回答也都一样。可以看出，格桑花在藏语中能够广泛传播，可能更多的是一个文化现象。在藏语中，“格桑”是“美好时光”或“幸福”的意思，“梅朵”是花的意思，所以按照藏语的理解，格桑花就是幸福、美丽的花朵的意思，是高原上生命力顽强的野花的一个代名词。

57.高原上的植物为什么不喜欢开红花?

2022 年 7 月在江源综合科考的时候，科考队特别关注了江源植物花色的分布情况，统计发现蓝紫花所占比例高达 52.4%，其次是黄花占比为 23.8%，再者是白花占比为 19.0%，而红花仅占 4.8%，所谓的红花并不像蓝紫花那样有醒目的花朵。在我们的印象中，红花是很常见的花朵，为什么到了江源，植物就不喜欢开红花了呢?

其实这个现象并非江源地区独有，在平均海拔 4300m 的横断山区高山冰缘带，蓝紫花占比高达 42.7%，红花占比仅为 9.4%。而在中海拔地区蓝紫花和红花占比相当，如喜马拉雅山南坡海拔 900~4100m 的范围内，蓝紫花占比 28%，红花占比 26%。

这样看来，蓝紫花与红花的占比似乎与海拔有关，海拔越高，蓝紫花的占比越高，红花占比越低。可是，海拔是如何影响植物花色的呢? 首先，我们需要知道植物开花的目的是结实，是为了将基因传递下去。其次，绝大部分植物需要通过异花传粉来避免近交衰退，这就需要传粉动物（主要为昆虫）的协助。昆虫在觅食、躲避低温等不利条件或寻找交配产卵场所时，会顺带将一朵花的花粉传递到另一朵花的柱头上，从而实现异花传粉。

花的颜色是传粉昆虫锁定、识别花朵的一个重要线索。蜂类传粉者（熊蜂和蜜蜂等）偏好蓝紫花，蝇类传粉者偏好白色花、黄色花和带有腐烂气味的紫色花，蛾类多偏好浅色花，而蝶类可为红花、黄花、紫花、白花等多种颜色的花传粉。在不同的海拔和纬度，昆虫的类群和丰富度都会有所不同。随着海拔升高，蝶类的传粉作用逐渐降低，而蜂类凭借适应低温环境的能力，传粉作用凸显，其次是蝇类。这些传粉昆虫对颜色的偏好，使开花植物面临一系列新的选择压力。江源地区常见的 10 余种熊蜂，是高海拔地区植物的重要传粉昆虫。植物开蓝紫花更容易吸引到蜂类，有利于其在江源地区的传代。可以说，植物花色随海拔的变化而变化，归根结底是通过昆虫类群沿海拔的变化实现的。

◎ 紫花植物柱茎风毛菊
（*Saussurea columnaris*）

◎ 蓝紫花植物多刺绿绒蒿
（*Meconopsis horridula*）

◎ 红花植物圆穗蓼
（*Polygonum macrophyllum*）

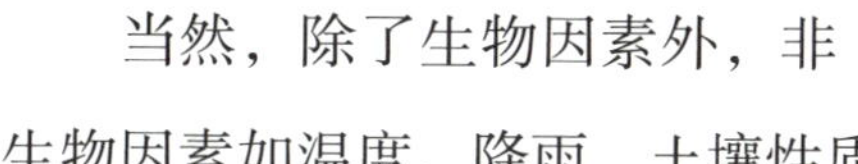

当然，除了生物因素外，非生物因素如温度、降雨、土壤性质、日照等也会影响到花色的变化。

58.长江源区的“断肠草”是什么草?

“断肠草”不是一个规范的植物学名，而是一类植物的通用称呼，这些植物往往具有一定的毒性，误食通常会引起呕吐等强烈的肠胃反应。在长江源区，被人们所认为的“断肠草”实为瑞香科狼毒属植物狼毒（*Stellera chamaejasme*）。该植物为多年生草本植物，植物株高多为15~40cm，根茎木质，不分枝或分枝，表面棕色，茎直立，丛生。叶片常呈散生，披针形或长圆状披针形。花呈白色、黄色至淡紫色。果实圆锥形，顶部有灰白色柔毛，果皮淡紫色。花期为4—6月，果期为7—9月。多生于海拔2600~4000m的干燥而向阳的高山草坡、草地上或河滩台地，在长江源区广泛分布。狼毒特别耐贫瘠，在退化的草场，数量往往会增加，是牧场退化的重

◎ 长江源区“断肠草”——狼毒

要指示物种之一。狼毒具有很大的毒性，可用于杀虫，人畜误食会引起中毒。早期藏族人用狼毒的根及茎皮造纸，所造纸张具有防虫防害的功能，适宜长期保存，常被用于一些需要长期保存的重要文字材料的书写。狼毒也是一种重要的藏药资源，其根入药，具有祛痰、消积、止痛的功效。

59.冬虫夏草是虫还是草?

◎ 长江源区草地上生长的冬虫夏草

◎ 长江源区真菌与蝙蝠蛾幼虫形成的复合体在草地中的结合形式

冬虫夏草的名称家喻户晓，不仅因为其重要的药用价值，而且因为其生长过程的神秘特点。在生物学上，冬虫夏草并非高等植物，而是线虫草科、线虫草属真菌与蝙蝠蛾幼虫形成的复合体。其中，冬虫夏草（*Ophiocordyceps sinensis*）是线虫草科、线虫草属真菌。蝙蝠蛾（*Hepiaua larva*）在分类学上属蝙蝠蛾科（Hepialidae）、蝙蝠蛾属（*Hepiaua*）、虫草蝠蛾（*Hepialus armoricanus*）蛾类。在野外的生长过程中，蝙蝠蛾与虫草真菌只有通过特定的方式结合，并在适宜的环境下才能长出冬虫夏草。在野外的

◎ 长江源区冬虫夏草采挖

生态环境中，这种结合的概率很小，只有极少数的真菌与蝙蝠蛾幼虫能够成功结合。通常状况下，无论是真菌还是蝙蝠蛾幼虫，自然死亡率都很高，而且这种结合还需要时间上的匹配性。当虫草蝙蝠蛾的幼虫误食线虫草属真菌菌株，于冬季前后被虫草菌感染后，幼虫要经历非常艰难的过程，才能生长出冬虫夏草。在感染后，菌丝会慢慢地充满虫体的全身，最后使幼虫变得僵硬，故名“冬虫”。等到夏天，随着真菌的继续生长，蝙蝠蛾幼虫死亡，其头顶上就会长出管形的菌座。这些菌座破土而出，露出地面，和低矮的草地植物混合在一起，远远看去像是小草，故名“夏草”。长江源区冬虫夏草分布广泛，多生于海拔 3500~4000m 的高寒山区，常见于山坡草地、河谷草地、杂生草丛土壤中。长江源区产出的冬虫夏草不仅数量多，而且质量好。此外，其中长江南源发源地所在的杂多县还有“中国冬虫夏草第一县”的美称。

60.藏药红景天的原植物究竟长什么样?

红景天是一种重要的药用植物资源，具有补气清肺、益智养心的作用，可用于清肺止咳、解热等，是一种应用广泛的特色中药材。在植物分类学上，红景天（*Rhodiola rosea*）为景天科红景天属多年生草本植物，密集多花，花序伞房状，植株高10~20cm，花期为4—6月，果期为7—9月。红景天具有顽强的生命力，常生长在海拔2000m以上的高寒、高海拔地区，喜阳，常分布在高山流石滩、有石块分布的草地等周围，属于分布广但生态范围比较有限的植物种类。长期以来，红景天因其独特的药用资源价值被持续地无序采挖，使得其自然种群的数量出现了逐年下降的趋势，

◎ 长江源区红景天

生物资源和遗传多样性受到了严重的影响，因此急需开展野生植物资源的保护工作。目前，红景天已被列入《国家重点保护野生植物名录》，保护等级为二级。

61.独一味是什么植物？

在长江南源区调查到名叫独一味的一种植物，它的名称非常独特。在植物分类学上，独一味是唇形科（Lamiaceae）、独一味属（*Lamiophlomis*）多年生草本植物，根茎伸长，粗厚，贴近地面生长，花期为6—7月，果期为8—9月。值得一提的是，独一味不仅是青藏高原的特有种，而且是唇形科，独一味属的唯一物种。因此，它是名副其实的“独一味”。该植物通常生长在海拔2700~4500m的高原或高山上强风化的碎石滩中或石质高山草甸、河滩地。然而，在长江南源当曲流域的植被调查中发现，在海拔4700m左右的当曲两岸的坡地碎石滩、有石块分布的高山草甸和河漫滩上，独一味也有大量分布。独一味已被列入《中国生物多样性红色名录：高等植物》，等级为无危（LC）。此外，独一味也是一种重要的药用植物资源，具有活血止血、祛风止痛的作用，常用于跌打损伤、外伤出血、风湿痹痛、黄水病等疾病的治疗。目前已被《中华人民共和国药典》（2020年版）收录。

◎ 长江南源当曲流域独一味

62.水母雪兔子为什么要裹个“棉被”？

水母雪兔子（*Saussurea medusa*），和蒲公英一样是菊科植物，但它适应高海拔恶劣环境的能力远超蒲公英。水母雪兔子可以生活在海拔高达5600m的流石滩环境，以岩石和冰雪为伴。

初次见到水母雪兔子，我们会诧异这种植物怎么裹了个“棉被”。它的叶、茎、花序均被厚密的白色棉毛包裹，就像一只长满了绒毛的动物。我们猜测这些棉毛是为了保温而进化出来的。特别是头状花序表面的棉毛，不仅可以隔绝冷空气使内部花器官免受低温的伤害，而且可以防雨、防强紫外线，最大限度地延长花的寿命，提高种子产量。

◎ 水母雪兔子的花、传粉昆虫、种子、幼苗

可是，裹着“棉被”的花怎么完成传粉呢？

水母雪兔子是靠昆虫传粉的植物，在它生活的高海拔地区，传粉昆虫主要是熊蜂。为了吸引熊蜂，水母雪兔子开出蓝紫色的小花并伸到“棉被”外面。熊蜂被引来之后，会发现“棉被”上的温度很适宜，于是开心地吃起花蜜，不知不觉地吃几十秒之后，才会离开去寻找下一个“棉被”。这样一株水母雪兔子的花粉就会被带到另一株水母雪兔子上，完成异花授粉。空气温度越低，水母雪兔子的棉毛花序就越有吸引昆虫的优势。

和其他菊科植物一样，水母雪兔子的果实瘦小、量大，种子头部长着冠毛，可以借助风力传播。瘦果为浅褐色，呈纺锤形，长 8~9mm，冠毛白色，有两层，外层冠毛为一根根短糙毛，内层冠毛为软软的羽毛状的有分支的长毛，这是水母雪兔子和其他雪兔子的主要区别特征。

◎ 种子结构

◎ 海拔5400m雪山边缘生长的水母雪兔子

63.花粉有毒的乌头能吸引昆虫传粉吗？

乌头是分布于北半球的有毒植物，种类多达350种，约48%的种分布在我国除海南岛外的各个省份。江源地区比较常见的种为露蕊乌头（*Gymnaconitum gymnandrum*）、甘青乌头（*Aconitum tanguticum*）和变种毛果甘青乌头。露蕊乌头生长在海拔1550~3800m的河边沙地、草坡，植株高达50多厘米，而甘青乌头生长在海拔3200~4800m的河边草地或沼泽草地，植株较低矮。

◎ 露蕊乌头

乌头属植物以富含生物碱毒素而出名，大部分种类从块根到茎、叶、花均有毒，提取的毒素可用于麻醉剂、消炎药等药物的研究。毒性比较强的乌头，连花粉都有毒。

植物为什么要产生毒素，有毒的花粉能吸引昆虫传粉吗？植物在生长过程中会遇到很多困境，比如被食草动物啃食、被盗蜜者啃食、

◎ 熊蜂为甘青乌头传粉示意图

◎ 甘青乌头蜜腺位置

花粉被过度消耗等。为此，不同的植物进化出了不同的防御措施，如多长刺、释放难闻的气味或者产生毒素。毒素对植物自身的新陈代谢没有任何作用，但可以用于抵抗食草动物和吃花粉的昆虫。可是，富含蛋白质和脂质的花粉，本来就是植物吸引传粉昆虫的一种手段，是对传粉者的奖赏，乌头这样岂不是吸引不来传粉者？

其实不然，乌头的小心机都藏在它的花蜜里。很多乌头包括露蕊乌头和甘青乌头，上萼片进化成头盔样，里面包裹着两支蜜腺，开花期分泌出昆虫喜欢的甜甜的花蜜。蜜腺里面的毒素种类和含量都远远低于花粉，对昆虫没有伤害，是给真正传粉昆虫的“报酬”。高原上的主要传粉昆虫——熊蜂为了吃到上面的花蜜，必须从花蕊上经过，这样其胸腹部就沾上了花粉，而其他吃花粉的昆虫则不敢“光顾”，从而保证了花粉的有效传播。由于一朵花里既有雄蕊又有雌蕊，为了避免熊蜂在传粉时将一朵花的花粉传播到自身的柱头上，乌头还进化出了雄蕊和雌蕊不同时成熟的繁殖策略。

64.为什么长江源区的有些植物会长刺?

植物长刺是植物繁衍生息和适应自然的一种结果。其实并不稀奇，植物的刺多种多样，植物的枝、叶和皮等都可能长刺。

（1）植物刺的类型

有研究对植物的刺专门进行了分类，认为植物的刺通常包括以下几种类型：

1）枝刺，也叫茎刺。由植物的茎变态发育而成，如长江源区常见的鬼箭锦鸡儿等物种的刺。

2）叶刺。有的由全叶发育而成，有的由托叶发育而成，如长江源区常见的多刺绿绒蒿的刺。

3）皮刺。由植物的表皮细胞向上凸起而形成的刺，如美蔷薇等植物的刺。

4）叶面刺。通常来源于叶脉和叶轴，产生这种刺的比较有名的植物就是两面针。

5）果实刺。生长位置复杂，如曼陀罗等的刺。

6）叶缘刺。生长的位置通常与叶脉相连，形状像针刺，如冬青等的刺。

（2）植物刺的功能

植物刺的形成是植物为了生存自身进化和演化的结果，一般都具有特定的功能。目前认识到的功能主要包括以下几点：

1）防御功能。由于植物不能移动，在整个生态系统中处于生物链的底端，在受动物的威胁时特别被动，因此长刺能让植物在遇到危险时受到保护，比如荨麻科植物的刺还带有毒液，可以有效防止自身受到动物的伤害。

◎ 葵花大蓟
（*Cirsium souliei*（Franch.）Mattf.）

2）附着作用。植物长刺可以大幅增加茎叶与物体表面的摩擦力。一些有刺的植物，特别是藤本植物，可以借助植物刺的附着作用，在空间上进行有效攀爬，如菟丝子和葎草等。

3）抗逆作用。植物刺有一定的抗逆性，特别是在植物水分调节方面。在自然演化中，很多植物为了适应干旱的环境而长刺，从而在自然选择中存活了下来。由于植物刺可以减少水分散失，因此长刺的植物更能适应干旱的自然环境。在长江源区，水分条件差的山坡更加适合多刺绿绒蒿等长刺植物的生长。这足以证明，植物刺在抗逆境中的重要作用。

4）辅助繁殖功能。植物刺具有辅助植物种子传播的功能，很多植物如鬼针草、苍耳等的刺可以黏附于动物的毛发上，随着动物的移动进行种子的传播，进而实现种群的扩散。

65.长江源区的植物真的会动吗?

要说多数植物完全不动那也是不对的，植物在不断地生长，时常会随着风力、昆虫扰动发生移动。但是相对于动物而言，大多数的植物在短时间内，一般是保持相对静止的姿态，很少有主动运动或者移动的行为。当然，在我们身边，有很多植物，比如含羞草、合欢、捕蝇草、猪笼草等受到外界干扰时，会发生主动运动。这些能够主动运动的植物，由于在自然界中分布较少，往往能够引起人们的好奇。花瓣运动是植物运动的一种，是植物适应性进化的结果。植物花瓣的运动，一个最主要的原因就是自我保护，进而完成生存和繁殖的使命。近期，有研究人员在组织青藏高原科学考察的过程中，发现龙胆科龙胆属的 4 个物种，其花冠被机械触碰后，会在 7~210s 的时间范围内迅速收缩，直至花苞状态紧实。花冠闭合后，仍有再次开放的能力，再次开放过程在天气晴好状态下大概需要 20min。如果再次触碰，花冠还会再次闭合，然后开放，以此类推。其中发现的假水生龙胆，其两种花色 8 个居群的平均闭合时间为 29s，最短闭合时间仅 7s。因此，可称之为世界上闭合速度最快的花。

◎ 长江龙胆科植物

在科考过程中，科考队员在长江南源当曲湿地草地上调查到了假水生龙胆，并现场观测到了其闭花过程。

66.为什么长江源区有一种草地叫“高寒草甸”?

依据全国科学技术名词审定委员会审定公布的《资源科学技术名词》一书中的定义，高寒草甸发育于高山（或高原）亚寒带、寒带，湿润度大于 1.0，年降水量大于400mm的寒冷湿润地区，由耐寒、多年生中生草本植物为优势种，或有中生高寒灌丛参与组成的草地类型。草甸和草原之间存在着本质的区别，草原以旱生草本植物占优势，是半湿润和半干旱气候条件下的地带性植被；而一般的草甸属于非地带性植被，可出现在不同植被带内。草甸植被在世界各地均有分布，但一般不

构成独立的地带，呈隐域性。一般的草地和高寒草甸的区别主要在于气候。青藏高原及长江源区大面积分布的高寒草甸是中国植被的重要特点之一。青藏高原多为山地气候，气候寒冷，具有海拔高、气温低的特征，在此基础上形成的草甸自然就是高寒草甸。我们常见到的草原多以一年生草本植物为主，而高寒草甸以多年生草本植物为主，多年生植物往往需要更好的热量和水分条件，以密丛而根茎短的小嵩草、矮嵩草等为主，并常伴生多种苔草、圆穗蓼和杂类草，覆盖度高，很像一片绿色的地毯。

◎ 长江源区高寒草甸景观

67.草甸“受伤”了，你知道罪魁祸首是谁吗?

◎ 草甸碎片化

在全球气候变暖的大环境下，长江源区雨水丰沛，植被生长向好，鼠兔等动物活跃度增加。但草甸碎片化非常严重，其呈鱼鳞状，一层一层地铺在海拔 4000m 以上的山坡上，给当地生态环境保护带来了严峻挑战。高原草甸“受伤”的主要原因为鼠兔等啃食性动物的大量繁殖和气候变化导致的冻融作用加剧。鼠兔在边坡表层土壤（厚度 20~50cm）打洞，数量惊人，密度大，且土洞相互交错，大量土壤被掏空，严重破坏了草甸根系和边坡稳定性。在降雨、冻融循环等的作用下，边坡逐渐出现片状坍塌，严重的地方基岩已出露。同时，根据多年科考发现，草甸碎片化主要发生在坡度大于 20° 的斜坡上，且由土壤含水量过高导致。

68.为什么长江源区草地退化会导致水土流失?

草地在防止水力、风力和冻融侵蚀中具有极其重要的作用。高寒草甸是长江源的保护者，被草甸覆盖的土壤，其表面能承受雨点降落时的冲击力，同时可以增加地表粗糙度，使地表面风速降低，从根本上消除侵蚀作用。植被冠幅能截留降雨、防止雨滴直接打击在土壤上。草地的根系通过缠绕、固结和串连土体等方式，与土壤形成较稳定的根土复合体，以增加土体稳定性，抑制侵蚀过程，起到固土抗蚀的作用。草地不但能拦截降雨、

◎ 长江源区水土流失现状

防止雨滴击溅分离土粒，还能防止不利于水分下渗的土壤板结，使土壤水入渗增加，从而减少地表径流。但是，随着草地的退化，表层土壤松散，逐渐沙砾质化。缺少草地的保护后，长江源区在水力、风力、冻融等外营力作用下极易发生水土流失，这样严重威胁其生态环境。

69.气候变化和水土流失有关系吗?

◎ 长江源区清水河冻融侵蚀

随着全球气候变暖，降水总体逐渐增加，侵蚀动力增大，这会直接导致水土流失量增加。气候变化条件下，江源地区冻土层冻结日期推迟，而融化日期总体提前，这会导致表层植被的生存环境发生明显改变。高寒草地根系层的土壤变干，草甸土壤表层变粗，孔隙度和透水能力上升，含水量下降。草甸层出现破碎，整个草甸层逐渐丧失，在降水、风力、融雪和重力等外力作用下极易发生水土流失，这种现象在坡度较大地区尤为严重。

70. 气候变化会对长江源区草地植物生物多样性产生哪些影响？

气候变化是指气候平均状态随时间的变化，即气候平均值和气候离差值两者中的一个或两个一起出现了统计意义上的显著变化。区域的生物多样性往往是自然演化和遗传变异长期相互作用的结果，是人类赖以生存和发展的基础。气候变化本质上是一定时间周期内气候突然的、明显的变化，这与植物长期缓慢演化与适应的自然特点具有时间上的不匹配性。因此，气候变化对植物生物多样性的影响值得引起高度的关注。植物不同于动物，在气候变化的时候，不能像动物一样通过迁徙迅速地寻找新的生存环境。气候变化对植物生物多样性产生影响有两个方面：一方面可以作用于植物本身，对不同物种的光合作用、生物酶活性、物种间的竞争关系等产生直接的影响，进而改变生态系统的结构；另一方面可以通过影响温度、土壤肥力、水分等环境要素，对植物生物多样性产生间接影响。气候变化可能会让植物的返青期提前，光合作用的效率提高，生长季节延长，同时产生了以下几个方面影响：

1）随着气温持续上升，物种无法及时适应，导致物种灭绝。

2）随着气候变暖，物种向“更凉快”的地方发生迁移。

3）植物的物候期被改变，生物节律被打乱，导致一些植物的适应力下降，抵御灾害的能力下降。

◎ 长江源区气候变化与植被退化

4）气温升高，部分病原体开始活跃，增加了植物感染病虫害的风险。

5）气候变化导致生物入侵。

针对以上 5 个主要方面，长江源区为保护植物生物多样性应如何应对呢？首先，由于长江源区已经处于比较高的海拔，处于高原永久冰川、雪线附近，明显缺少“更凉快”的区域让这里的植物继续向上迁移。其次，长江源区以草本植物为主，生态系统脆弱，抵抗气候变化能力差，适应能力不足。在突然的气候变化过程中，这无疑增加了种群退化及物种灭绝的风险。再者，随着气温上升，病原体活跃，植物无法避免病虫害干扰。最后，随着气候变暖，低海拔地区的植物会不断地向上迁移。使本土植物产生越来越大的竞争压力，比如目前就有研究表明，高山林线在青藏高原周边不断攀升。因此，加强气候变化应对，对于保护长江源区的植物生物多样性具有重要意义。

71.长江源区植被保护为什么重要?

长江源区不仅是长江的发源地，具有重要的水源涵养功能，而且是长江上游生物多样性最为丰富的区域之一，是生态保护的热点区域。同时，独特的自然环境和社会经济体系决定了长江源区的植被保护工作具有重要意义。

在自然环境方面，如果将流域生态系统比作一个人体，那么生长在表层的植被就像人体的毛发，而土壤如同人体的肌肤，两者都能为长江源区广大生物提供食物与栖息地。同时，因处于地球表层，植被和土壤对外界环境变化十分敏感。从调查现状来看，长江源区孕育和保持着原始、大面积的高寒生态系统，是重要的高寒生物种质资源库，但是植被生态系统不仅十分脆弱，而且存在退化的风险。

在经济社会发展方面，长江源区地处高寒区，位于我国农牧交错带以北，以牧业为主，草地植被是区域经济社会发展的重要基础。然而，长期以来，无序的牧业发展以及过度的开发，已经对长江源

◎ 长江源植被退化风险无时不在

区的草地生态系统产生了不少的负面影响。同时，目前长江源区还受气候变化等各方面的影响。长江源区地处青藏高原腹地，不仅是长江的发源地，有“中华水塔”之称，也是长江上游的重要生态屏障，是中华民族长期发展的自然依托。因此，加强长江源区植被保护对于维护生物多样性、实施长江大保护意义重大。

72.植物如何发挥碳汇功能?

2020年9月22日，习近平总书记在第七十五届联合国大会上提出:“中国将提高国家自主贡献力度，采取更加有力的政策和措施，二氧化碳排放力争于2030年前达到峰值，努力争取2060年前实现碳中和。”随着国家“双碳”目标的提出和落地实施，植物的固碳能力研究越来越受到重视。碳中和是指国家、企业、产品、活动或个人在一定时间内直接或间接产生的二氧化碳或温室气体排放总量，通过植树造林、节能减排等形式，以抵消自身产生的二氧化碳或温室气体排放量，实现正负抵消，达到相对“零排放”。生态保护与修复是实现我国碳中和战略的重要途径之一。那植物究竟是如何发挥碳汇功能的呢?

固碳是实现碳中和的重要途径之一，就是把大气中的二氧化碳吸收、储存或转化成其他物质的一个过程及结果，也称碳封存。固碳功能是植物本身固有的能力之一，即植物日常的吸收二氧化碳，形成碳水化合物的光合作用过程。绿色植物具有多重生态系统服务

◎ 长江源植物光合作用与固碳能力现场测定

功能，比如固碳释氧、碳水化合物生产、气候调节、吸附有害气体等。但是由于植物在生理生态特征之间的差异，不同的植物吸收二氧化碳、生成碳水化合物的能力也有所差异。因此，需要从碳中和的角度积极探讨不同植物的固碳能力差异，筛选固碳能力强的植物，以用于生态保护和生态修复。

另外，植物作为固碳的重要途径，与其他的工程措施相比，具有功能稳定、绿色环保、功能持续性强等优点。因此，目前在实施各种碳捕获、利用和封存等方面，增加林草地面积、修复退化植被、高固碳植被深林抚育等都是重要的考量方向。长江源区地广人稀，植被原生状态好，而且存在大量的高山草地、高寒草甸和高寒湿地等重要的生态系统类型，具有植被固碳的重大潜力。

·问源·

第七章

水环境及水生生物

73.长江源区水质现状如何？

长江源区地域辽阔，人口稀少，经济发展程度低，绝大部分地区尚属无人区。长江源区海拔高、环境恶劣、交通不便，目前源区水文和水环境监测站点明显不足，掌握的基础数据极为缺乏。根据

◎ 长江南源多朝能与且曲交汇处（拍摄者：刘敏）

历年长江源区综合科考结果分析可知，长江源区水质总体符合《地表水环境质量标准》（GB 3838—2002）中Ⅰ～Ⅱ类标准，但局部河段存在铅、汞、总磷等指标超过Ⅱ类水质标准。Ⅰ类水质标准主要适用于源头水、国家自然保护区，Ⅱ类水质标准主要适用于集中式生活饮用水地表水源地一级保护区、珍稀水生生物栖息地等。

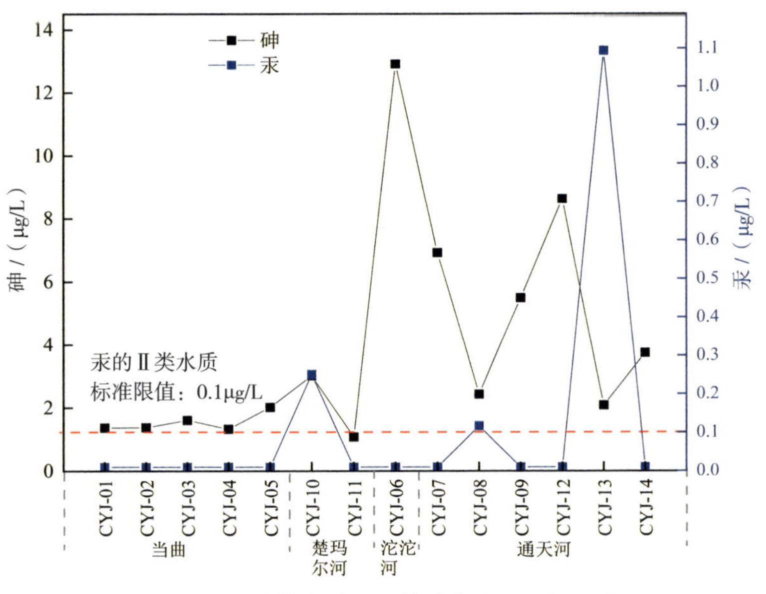

◎ 长江源区水体中砷和汞的分布（2019年7月）

74.长江源河流底质有什么特点?

受地形地貌及不同水动力条件的影响，长江源河流底质与源头以下河段底质呈现不同的特征。由于长江源源头河流整体呈现流量小、流速不高及源头流域性细颗粒泥土的相对缺乏，长江源河流底质整体为块状砾石底质。底质尚未经过长距离的碰撞，并不呈现卵圆形，以块状和片状居多，为岩石崩塌后最初的形状。越往下游，随着水力作用的加强，水流对床质的冲刷力度加大，小粒径的石质底质被进一步冲至下游，仅大粒径的石质底质得以停留，且形状更趋于卵圆形，这在通天河七渡口断面、曲麻莱断面、直门达断面体现得较为明显。

◎ 长江南源当曲查旦段底质特征
（以砾石为主，中值粒径D_{50}小于5cm）

◎ 通天河七渡口断面冬季裸露的底质河床
（中值粒径D_{50}大于10cm，块石长度达到20~30cm）

75.长江三源水体有什么差异?

长江正源沱沱河发源于各拉丹冬雪山群的姜根迪如雪山两侧的冰川，源头以冰雪融水补给为主。长江源南源当曲发源于玉树藏族自治州杂多县境内唐古拉山脉东段霞舍日阿巴山东麓，源头以丰富的地下水（以泉群形式）补给为主。长江北源楚玛尔河发源于昆仑山脉南支可可西里山东麓，在治多县境内西部，河流补给除降水与湖泊补给外，还接纳了昆仑山南坡的冰雪融水和较多的地下水。7月，长江三源部分河段的水体在外观颜色上有较为明显的区别，正源沱沱河水体浑浊，呈现淡黄色；南源当曲水体清澈透明；北源楚玛尔河水体浑浊，呈现暗红色。此外，根据多年科考结果可知，长江三源水体的化学组分差异大，当曲水体中离子含量明显低于楚玛尔河和沱沱河，这主要是由三源地质背景不同所致。

◎ 长江南源当曲大桥

◎ 长江北源楚玛尔河大桥

◎ 长江正源沱沱河大桥

76. 长江三源水体为什么在丰水期会有不一样的颜色？

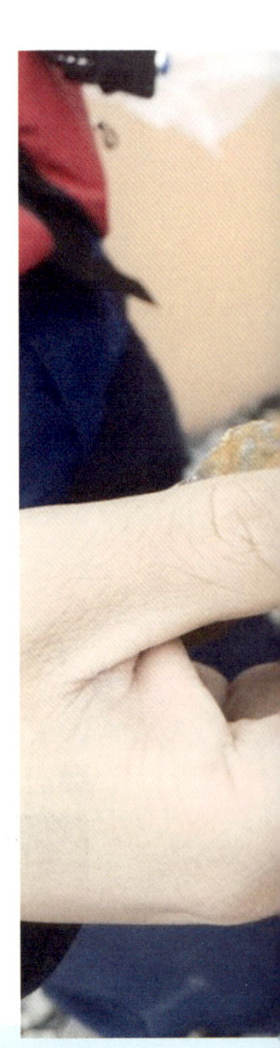

长江南源当曲水体清澈透明，主要原因是当曲植被相对较好，河流受水土流失和岩石风化等作用有限。正源沱沱河水体浑浊且呈现淡黄色，主要原因是沱沱河受水土流失影响较大，水体含沙量较高。北源楚玛尔河水体浑浊且呈现暗红色，主要原因是受水土流失影响较大，水体含沙量较高，且水体中铁元素含量较高。

◎ 长江北源楚玛尔河河岸富含铁元素的岩石

77.长江源的水与下游的水有什么不一样?

长江源区水体硬度基本在中等硬度以上，且部分区域为微咸水（矿化度大于 1000mg/L），其硬度和矿化度普遍高于长江中下游河流。与长江中下游相比，长江源区海拔高，沿岸地表植被覆盖少，裸露的地表风化作用强烈，蒸发作用强烈（年蒸发量为年降水量的 2~6 倍），离子浓度较高。

水的硬度过高，一般水体中的钙和镁等离子含量较高。《生活饮用水卫生标准》（GB 5749—2022）中规定一般饮用水中总硬度应不高于 450mg/L，而小型集中式供水与分散式供水水体中总硬度应不高于 550mg/L。长期使用硬度过高的水烧开水会导致壶底有一层厚厚的水垢，进而降低水壶传热效率。同时，沉积的水垢除了大部分为碳酸钙、碳酸镁外，还可能含有多种更有害的铅、镉、砷等重金属，如不及时清理，这些重金属会再

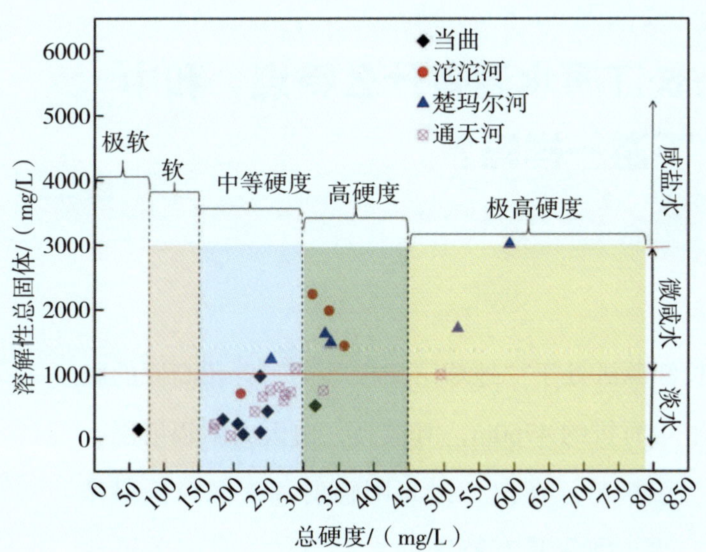

◎ 长江源区河流水体的总硬度与溶解性总固体

次溶于水，危害人体的健康。高硬度的水中的钙、镁离子会与硫酸根离子发生反应，形成硫酸钙沉淀，使水产生苦涩的味道，严重时会引发肾结石等疾病。高硬度的水泡茶时，钙、镁离子会抑制茶多酚的溶解，导致茶的色、香、味发生变化。而且高硬度的水用于洗涤衣物，会导致洗涤剂不起泡沫，降低洗涤剂去污能力，增加洗衣服的成本；水体中钙、镁离子还会与洗涤剂作用生成金属盐，易使纺织纤维板结变硬，进而导致衣物发脆而损坏。

78. 长江源水温有什么特点，和中下游一样吗？

长江源区处于“地球第三极”——青藏高原的腹地，平均海拔约 4760m，海拔高，白天太阳辐射强，夜间气温极低。在白天强太阳辐射和夜间极低温作用下，源头河流具有特殊的水温节律，日温差可达 15℃。4—10 月越冬场断面的水温范围为 0~20.1℃。水温日节律极其明显，每日水温过程经过从低到高，再从高到低的过程，呈现锯齿状的日节律特性。水温过程与最低温和最高温对应时间高度重合，日水温最低温出现在早晨 8—9 时，日水温最高温出现在下午 5—6 时。越冬场水温昼夜温差较大，昼夜最大温差出现在 4 月中旬，日温差达到 15.6℃。4—5 月越冬场水温最低达到 0℃，为冰水混合物状态，表层结冰，而

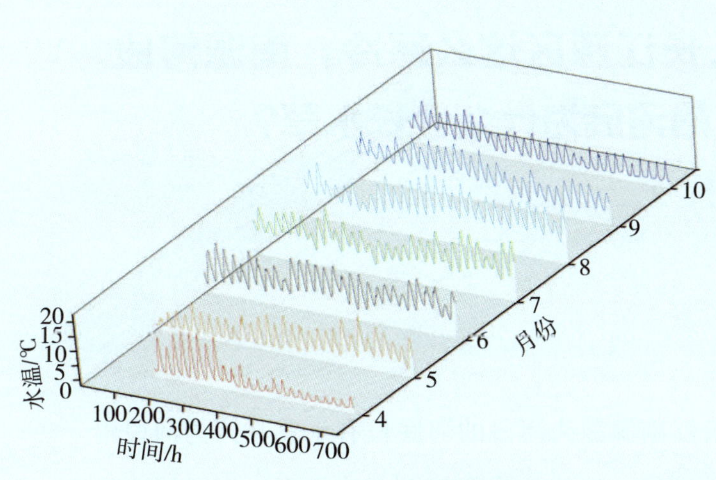

◎ 4—10月长江南源上游断面水温小时变化过程

底层为水。4 月 23—29 日越冬场出现极低温，水温不超过 3.1℃。至 5 月 18 日，水温逐渐回升，不再出现低至 0℃的情况。最高水温出现在 8 月中旬，达到 20.1℃，此时昼夜温差为 13.0℃。4—8 月的月平均水温逐渐升高，从 2.44℃升高到 10.84℃；9 月水温开始降低，降至 10 月的 2.64℃。9—10 月的降温速率（y=15.18–4.8x，水温和小时时间的拟合，y 为水温，x 为小时时间）大于 4—8 月的升温速率（y=0.61+2.2x，水温和小时时间的拟合，y 为水温，x 为小时时间）。

79. 长江源区这么寒冷，南源河段的河底为什么会长水草？

长江南源源头河段的河底长有水草是因为河段沿岸植被较好，地势较为平坦，水流较慢，同时周边放牧活动产生的牛羊排泄物均直接排放在河流沿岸或者河流水体中，为水体中提供了丰富的营养物质。另外，河流水深较浅，夏季气候暖和、气温适宜，有利于水草的光合作用，为水草提供了适宜生长的条件。

◎ 长江南源岸边的牛羊排泄物

◎ 长江南源多朝能与且曲交汇处的水草

80.长江源鱼类的种类多吗，有哪几种鱼类，其外形特征是什么？

青藏高原鱼类区系组成的单纯性与水系的复杂性，构成了统一而又独特的动物地理单元。长江源地处青藏高原腹地，海拔高，气候严寒恶劣。长江源源头河流中鱼类组成特殊，为鲤科裂腹鱼亚科和鳅科条鳅亚科的高原鳅属鱼类。长江源共分布有 6 种鱼类，包括 2 种裂腹鱼和 4 种高原鳅，截至 2022 年 8 月，未发现外来鱼种。其中，裂腹鱼类为小头裸裂尻鱼和裸腹叶须鱼；高原鳅鱼类为细尾高原鳅、斯氏高原鳅、小眼高原鳅和刺突高原鳅。其中，小头裸裂尻鱼是世界上海拔分布最高的鲤科鱼类。由于人为干扰少、藏族人保护意识强，当前长江源鱼类资源相对丰富。

值得一提的是，裂腹鱼是青藏高原特有的鱼类，我国裂腹鱼的种类数占世界裂腹鱼种类数的 80% 以上，这类鱼的特点是在肛门和臀鳍的两侧各有一排特化大型鳞片——臀鳞。在两列臀鳞之间的腹部中线有一条裂缝，看起来像腹部裂开一样，“裂腹”鱼之名由此得来。

（1）世界上海拔分布最高的鲤科鱼类——小头裸裂尻鱼

从地理分布看，小头裸裂尻鱼分布范围狭窄，仅分布在海拔4400~5200m的藏北地区，在长江源广泛分布，是我国特有鱼类，也是世界上海拔分布最高的鲤科鱼类。

◎ 小头裸裂尻鱼，全长45cm（拍摄者：李伟）

（2）爱“串门”的鱼——裸腹叶须鱼

与小头裸裂尻鱼体表几乎无鳞不同，裸腹叶须鱼除腹部外全身均覆盖细小的鳞片，且上下唇均十分发达。目前，在长江源尚未发现裸腹叶须鱼的越冬场和产卵场。该鱼分布范围比小头裸裂尻鱼广，主要分布于金沙江水系，以及澜沧江和怒江的干支流水系中。推测该鱼出现在长江源的原因为其在夏季洪水期间由金沙江江段上溯至长江源，夏末时再回到下游。因此，裸腹叶须鱼是长江源夏季的常见鱼类，夏季到长江源“串门”。

◎ 裸腹叶须鱼，全长48cm（拍摄者：李伟）

（3）尾柄细圆的鱼——细尾高原鳅

广泛分布于青藏高原及毗邻地区的河流中，适应在流水甚至急流水中生活，常以窜跳方式从一砾石间隙到另一砾石间隙游动，尾柄细圆是其显著特征。

◎ 细尾高原鳅，全长14cm（拍摄者：李伟）

（4）具有明显膜鳔的高原鳅——刺突高原鳅

广泛分布于青藏高原长江、怒江源头及狮泉河、雅鲁藏布江中上游干支流，以及纳木措、色林错、羊卓雍措、多钦湖、昂拉仁错、曼冬错等水域。栖息于河流、湖泊或浅水沼泽的草丛砾石间隙中。在长江源 4 种高原鳅中，是唯一具有明显膜鳔的高原鳅种类。

◎ 刺突高原鳅标本，全长12cm（拍摄者：李伟）

（5）颌部外露的鱼——斯氏高原鳅

分布范围极大，广泛分布于青藏高原各大河流水系，遍及青海、西藏、四川西部、甘肃河西走廊及甘南地区、新疆及其毗邻的宁夏、内蒙古等地。在克什米尔、巴基斯坦、阿富汗、伊朗东部等地也有分布。

斯氏高原鳅除在水平分布广外，对垂直高度变化适应能力也较强。喜栖息于河流、湖泊岸边的浅水砾石间隙中，上、下颌顶端均外露出显著的分类特征。

◎ 斯氏高原鳅标本，全长14cm（拍摄者：李伟）

（6）小眼睛的鱼——小眼高原鳅

分布于青藏高原的象泉河，狮泉河，羌臣摩诃等印度河上游支流，叶尔羌河上游，雅鲁藏布江干支流，长江、黄河、澜沧江、怒江上游干支流，柴达木盆地及藏北内陆水系，青海湖水系，克什米尔地区的印度河上游。喜栖息于河流浅水石砾或水草丛中，眼睛小，全身较黑。

◎ 小眼高原鳅，全长13cm（拍摄者：李伟）

81.长江三源的鱼类组成一样吗？

根据近5年（2018—2022年）长科院江源科考队的研究结果，长江三源正源沱沱河、南源当曲和北源楚玛尔河鱼类组成不尽相同。沱沱河和当曲鱼类组成均为6种，且组成种类相同，分别为裂腹鱼类的小头裸裂尻鱼和裸腹叶须鱼，以及高原鳅鱼类的细尾高原鳅、斯氏高原鳅、小眼高原鳅和刺突高原鳅。长江北源仅发现3种鱼类，分别为裂腹鱼类的小头裸裂尻鱼，以及高原鳅鱼类的细尾高原鳅、小眼高原鳅。其中，长江南源斯氏高原鳅为长江源关键鱼类栖息地研究创新团队于2019年7月在多朝能汇口断面采集到的长江南源鱼类新记录，长江北源细尾高原鳅为长江源关键鱼类栖息地研究创新团队于2019年7月在曲麻河乡断面采集到的长江北源鱼类新记录。

◎ 长江南源多朝能汇口断面采集点生境特征

◎ 长江北源曲麻河乡断面采集点生境特征

82.长江源哪种鱼比较重要，价值比较高？

长江源的小头裸裂尻鱼具有明显的“三高”特性：随青藏高原隆起进化程度最高、海拔分布高、栖息地昼夜温差高。进化等级最高，体现在无须、下咽齿仅一行及下颌前缘具锐利角质等特征。同时，小头裸裂尻鱼也是检验长江源水生态系统健康与否的指示种，具有

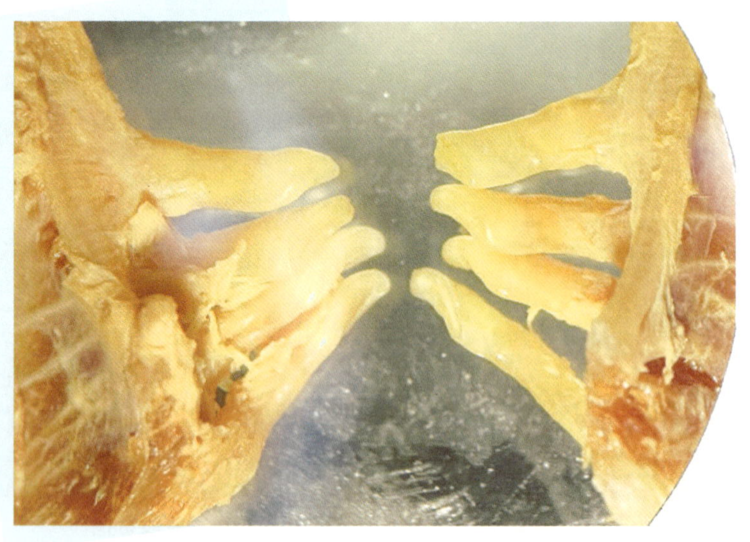

◎ 长江源小头裸裂尻鱼下咽齿（左右各一行，每行4枚）

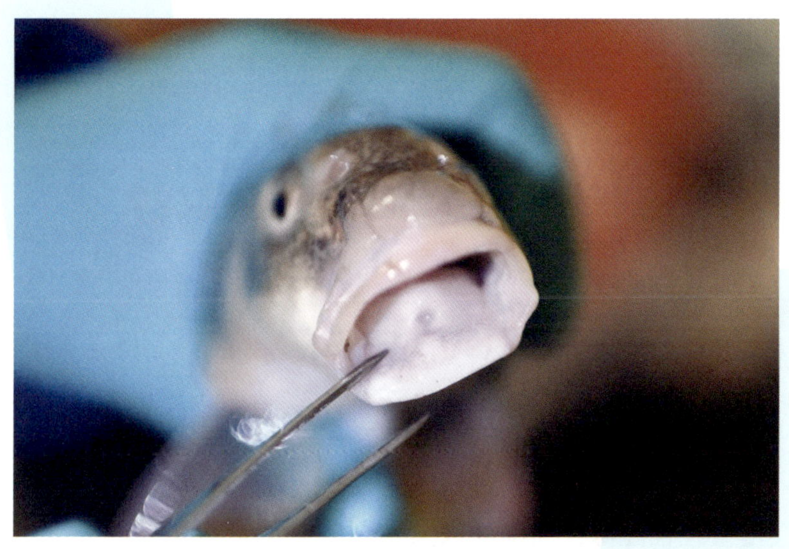

◎ 长江源小头裸裂尻鱼下颌前缘锐利角质

极高的科研价值、生态价值和潜在的经济价值。

前人研究认为，小头裸裂尻鱼只是植食性鱼类，以着生藻类和植物碎屑为食。但经研究发现，在越冬期，小头裸裂尻鱼转化为肉食性鱼类，以处于同一越冬场的高原鳅和底栖动物为食，成为长江源水域的顶级捕食者。这类顶级捕食者往往是关键种，通过捕食作用控制其他鱼类的数量，维护着生态系统的平衡。

83.鱼类在长江源生存面临哪些挑战?

海拔高也意味着鱼类生长速度极为缓慢。在长江源，河湖的水温、水质都与平原地区差异很大。由于高寒缺氧，生物饵料十分贫乏，鱼类普遍缺少食物来源，甚至只能通过刮食水藻勉强维持生存。由于江源地区低温、食物相对匮乏，高原鱼类生长普遍缓慢。科考队于2019年在长江南源当曲发现的鱼类中，体型最长的裂腹鱼约为50cm，从幼鱼到成鱼可能需要15~20年。鱼类性成熟晚，且绝对繁殖力低，意味着其剩余群体在自然繁殖中起着重要作用。检测一尾初次性成熟的雌鱼的年龄发现，该雌鱼年龄

为 12~13 龄。在漫长的生长至性成熟的周期中，越冬的候鸟等天敌的捕食、人类活动（修桥筑路对栖息地的影响）均会对该鱼类个体或者群体带来影响。气候变化引起的生态水文情势（水温、泥沙、底质、食物、盐度等）的改变也是长江源鱼类生存面临的挑战。

◎ 长江南源越冬场摄食鱼类的越冬候鸟

84.长江源鱼类吃什么？

长江源 6 种鱼类中以动物性食料为主的鱼类主要有刺突高原鳅和裸腹叶须鱼，其他 4 种鱼类的食料皆以硅藻为主。其中，夏季小头裸裂尻鱼和斯氏高原鳅食性为专一的植物性；细尾高原鳅和小眼高原鳅则兼食植物性和动物性食料。值得注意的是，不同鱼类的各种食料生物在肠道中的数量并不成一定比例，往往与所处环境的食料生物的种类和数量有关。同时，各种鱼类的食性特点往往与其所具有的摄食器官和消化道的构造相适应。例如，小头裸裂尻鱼和斯氏高原鳅，其口常居下位，下颌前缘呈铲状或具有锐利的角质层，肠管细长且多呈盘曲状。这些构造和它们刮食底泥或卵石表面藻类并易于消化植物性食料相适应。刺突高原鳅、裸腹叶须鱼，唇部肥厚，且有 1 对或 3 对口须，有助于其探索底栖动物，翻动砂砾或摄取砂砾间细小动物；肠管较为粗短，与摄食消化动物性食料相适应。各种鱼类的食性分歧和不同的水域分布，使高原鱼类间食料需求的矛盾得到一定的缓解。小头裸裂尻鱼的下颌前缘进化出锐利角质，以刮食的着生藻类为食，同时这样的构造也使小头裸裂尻鱼并未丧失捕食鱼类及摄食底栖动物的能力。

摇蚊蛹　溪颏蜉属　多襀科的一种

拟长跗摇蚊属　绿襀科的一种　短石蛾属

◎ 长江源部分底栖动物

85.为什么要研究长江源鱼类栖息地？

我国裂腹鱼类种数占世界裂腹鱼类种数的80%以上，主要有70个有效种和9个亚种，隶属11个有效属，分布在青藏高原及其周边区域。作为我国特有鲤科鱼类，裂腹鱼在我国鱼类多样性中的地位堪比鲑鱼之于欧美鱼类。其中，小头裸裂尻鱼是裂腹鱼类中进化等级最高的种类，也是世界上海拔分布最高的鲤科鱼类。作为长江源的关键鱼类，小头裸裂尻鱼具有极高的科研价值、生态价值和潜在经济价值。但是，由于地处青藏高原，受到气候环境恶劣和高原反应带来的不利影响，我国关于裂腹鱼类的研究主要集中在分类和进化两个方面，对裂腹鱼类栖息地研究严重缺乏。以产卵场为例，70余种裂腹鱼中，仅青海湖裸鲤、四川裂腹鱼和短须裂腹鱼在产卵场研究方面有较为详尽的研究，其他裂腹鱼类的产卵场研究较少。冬季出现“连底冻”源头河流鱼类群体的越冬场在何处也是亟须回答的科学问题。裂腹鱼类栖息地研究的不足直接导致后续的栖息地生态因子研究无从开展，也导致当前裂腹鱼类保护工作受阻，成为我国鱼类生态学研究的一大短板。

栖息地保护是物种保护和生物多样性保护的根本措施。2018年

◎ 长江源小头裸裂尻鱼成鱼群体

9 月 26 日，《国务院办公厅关于加强长江水生生物保护工作的意见》明确提出到 2020 年长江流域水生生物“重要栖息地得到有效保护”。2020 年 10 月 26—29 日，《中共中央关于制定国民经济和社会发展第十四个五年规划和二〇三五年远景目标的建议》中明确提出提升生态系统质量和稳定性，实施生物多样性保护重大工程和加强全球气候变暖对我国承受力脆弱地区影响的观测是提升生态系统质量和稳定性的重要举措。《中华人民共和国长江保护法》明确要求“国务院野生动物保护主管部门应当每十年组织一次野生动物及其栖息地状况普查”，“对水生生物产卵场、索饵场、越冬场和洄游通道等重要栖息地开展生物多样性调查”；在生态修复措施中明确了“对受威胁鱼类采取人工繁育、迁地保护等措施”。

开展长江源鱼类栖息地研究不仅可以为保护长江源重要河流栖息地提供支撑，也可以为其他裸裂尻鱼属鱼类产卵场的研究提供参考。

86.长江源鱼类的越冬场是什么？

在类似于长江源的高海拔和高纬度地区河溪中，越冬场是鱼类种群大小的限制因子，越冬期鱼类的致死率是鱼产力的决定因子。长江南源当曲处于青藏高原腹地高海拔地区，位于青海省玉树州杂多县境内，属于高原宽谷游荡河流。河流平均海拔超过4600m，源头海拔5054m，河口海拔4422m。在冬季时，气温低至-40~-30℃，当曲发生“连底冻”，河水从河底至表面均冻结。目前发现的长江源鱼类越冬场的形成机制有两个：一是鱼类进入通江湖泊越冬，比如楚玛尔河鱼类进入多尔改错越冬。二是在“连底冻”河段内形成河流内越冬场，此类越冬场在水温、水深及食物满足上尤其特殊，其中，温泉汇入是水温满足的必要条件。

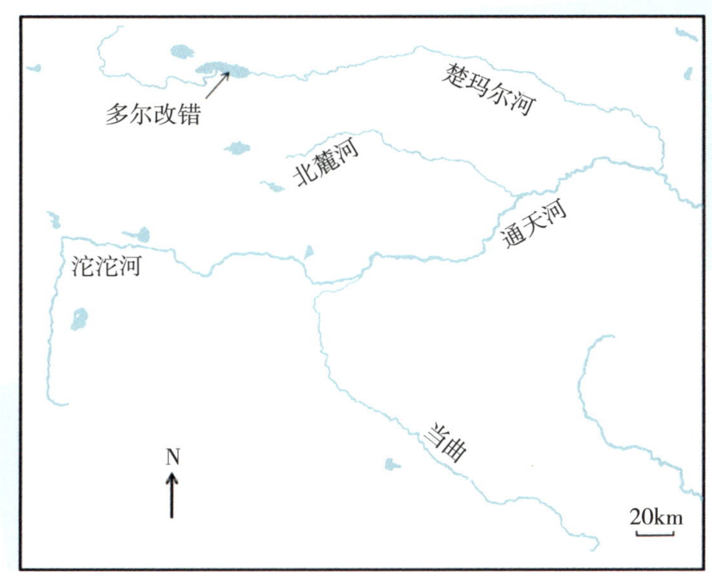

◎ 长江源河流及北源通江湖泊多尔改错水系

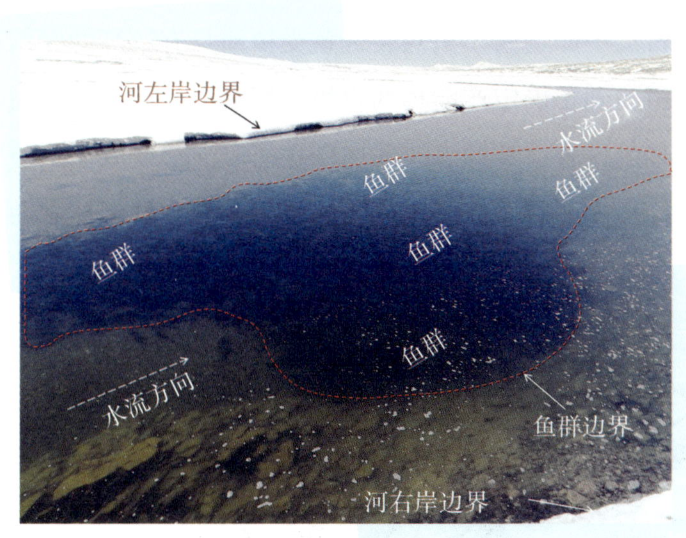

◎ 长江南源“连底冻”河段内存在的鱼类越冬场

87.长江源鱼类在哪里产卵，有何要求，产卵场发现的意义是什么？

鱼类产卵场是指鱼类交配、产卵、胚胎发育及育幼的水域，是鱼类生存和繁衍的重要场所，是水生生态系统中的重要栖息地。裂腹鱼类为冷水鱼类，一般在春季产卵。产卵场常位于河流近岸区砾石地带，且亲鱼（多为雌鱼）具有掘坑产卵并用砾石埋卵的特性，受精卵在砾石间流水作用下得以孵化。2021 年 6 月，长科院流域水环境研究所在长江南源首次发现了长江源关键鱼类小头裸裂尻鱼的自然产卵场，并从产卵场采集的野生受精卵中成功孵出仔鱼，确证了自然产卵场内小头裸裂尻鱼受精卵具有较高的受精率和孵化率，一举找到了确定产卵场的直接证据。该研究，一方面精准确定了产卵场的位置，掌握了产卵场所在河段河型及底质组成等特征；另一方面较高的野生卵受精率和仔鱼孵化率反映了该产卵场的健康性和适宜性。

◎ 产卵场及产卵场内小头裸裂尻鱼自然繁殖受精卵

在高原河流中，产卵场栖息地往往为沙砾石底质，较难挖掘。小头裸裂尻鱼以尾鳍、臀鳍为挖掘产卵坑工具，在完成繁殖行为后，臀鳍因为挖掘产卵坑而受损、出血，甚至发生端部折断，臀鳍折断的远心端部分在11月已经再生。

产卵场的发现对于长江源河流重要栖息地研究和保护具有突出的价值和意义，是“认识江源、研究江源、保护江源”的又一突破。长科院将继续围绕产卵场开展研究，深入研究江源关键鱼类小头裸裂尻鱼产卵发生的生态水文需求和确定产卵场的分布范围，为揭示气候变化对江源关键鱼类产卵场的潜在生态影响，以及保护和修复产卵场提供依据。

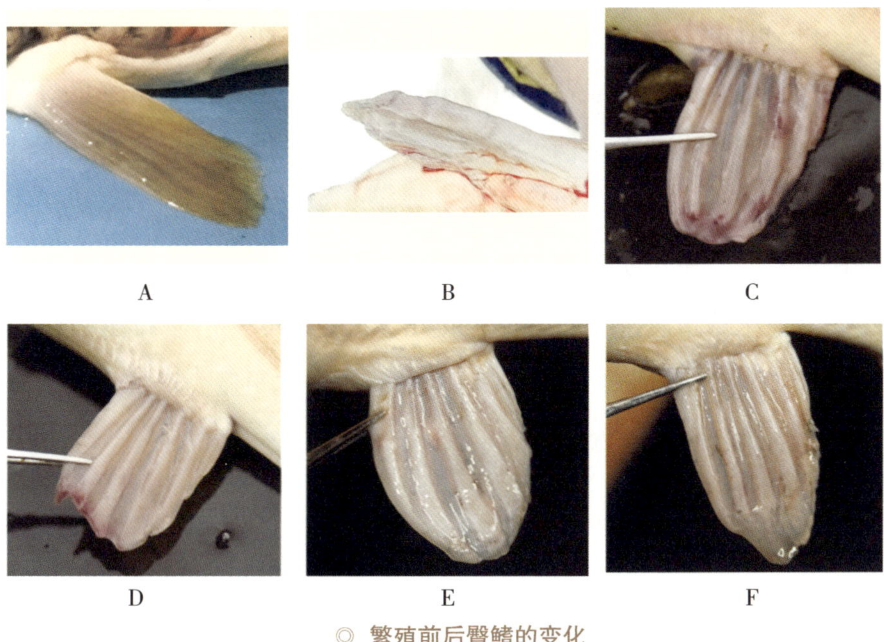

◎ 繁殖前后臀鳍的变化

▲注：A，B—产卵前臀鳍（4月6日）；C，D—繁殖受损臀鳍（8月6日）；E，F—恢复再生长的臀鳍（11月4日）。A、B、C为雌鱼，D、E、F为雄鱼。如B所示，臀鳍第一鳍棘断裂后，再生长不能恢复原来的样子，出现环状。

88.长江源关键鱼类人工繁殖技术和中下游有何不同？

（1）雌雄鱼的识别不同

和一般鱼类珠星仅出现在性成熟的雄鱼不同，长江源关键鱼类小头裸裂尻鱼雌雄性成熟亲鱼均出现珠星。珠星在性成熟雌鱼的臀鳍分布最为明显，在尾柄、头部和其他各鳍条也有少量分布；雄鱼则是全身布满珠星，且臀鳍末尾分支鳍条变为单独的刺。因此，通过珠星不能分辨小头裸裂尻鱼的雌雄。但庆幸的是，当出现珠星的时候，轻压雌鱼腹部即可有卵粒排出体外，雄鱼则容易排出白色精液，可以以此区分雌雄。另外，性成熟雌鱼个体明显大于雄鱼个体，也是鉴别雌雄的参考方法之一。

A

B

C

◎ 小头裸裂尻鱼成熟雄鱼珠星分布

▲注：黄色凸起为珠星，经 95% 酒精浸泡后，珠星由自然条件下的白色变为酒精浸泡后的黄色（A—雌鱼臀鳍、尾柄和侧线珠星；B—雄鱼臀鳍、尾柄和侧线珠星，臀鳍末尾两根分支鳍条形成单独的刺，末端带钩）

（2）繁殖水温不同

江源水温日节律特征显著不同于长江中下游，以中游宜昌站为例，根据 2019 年 6 月实测的小时水温变化数据，宜昌站日水温同期变幅为 0.1~0.2℃，变化极其微小。6—7 月长江南源产卵场江段过程，水温范围为 1.0~19.0℃，日水温温差较大，6 月最高日水温温差达 13.2℃，7 月最高日水温温差达 14.3℃。为了确保受精卵安全孵化，避免高孵化水温造成的胚胎伤害，控制孵化水温为 18℃，不超过 6—7 月 19℃的孵化自然最高水温。设计孵化水温的日节律范围为 7.5~18℃，众数为 8.3~16℃，每日升降温过程为 2~4 次。出膜关键水温方面，孵化第 6—7 天时，胚胎尾部器官发育完成，胚胎处于剧烈运动期，此时水温低于 18℃，卵膜仍较硬、较厚，胚胎出膜失败，胚胎逐渐出现死亡现象；第 9 天水温提升至 18.5℃时，出膜 2 尾，后 12 小时内，再无出膜；孵化 10 天后，将水温提升至 19℃后，仔鱼大规模出膜，因此推测 19℃为小头裸裂尻鱼出膜的关键水温。

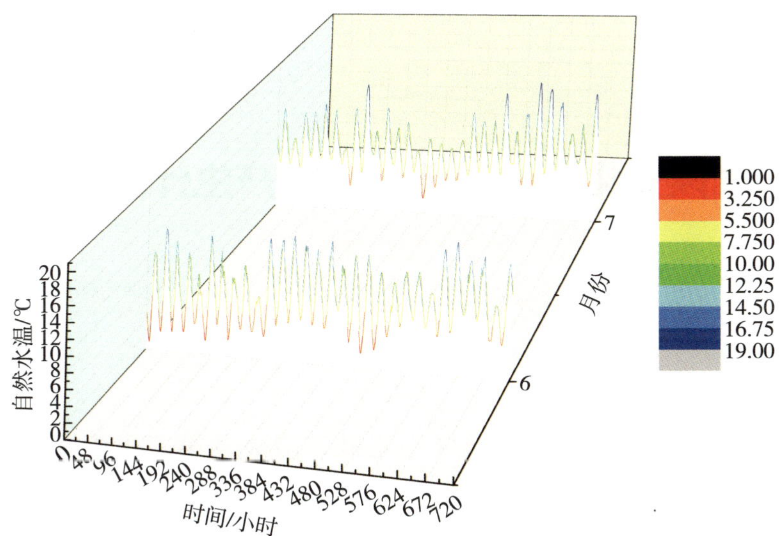

◎ 2020年6—7月繁殖季节当曲查旦段自然水温过程

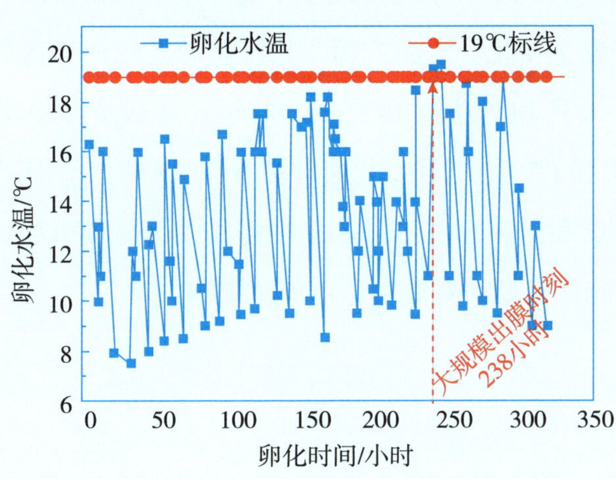

◎ 孵化全水温过程及大规模出膜时刻

89.气候变化会对长江源鱼类产生什么影响?

1979—2014 年，三极地区（北极、南极及第三极青藏高原）升温速度明显比全球其他地区快，尤其是北极地区升温更加明显，这种现象被科研人员称为“北极放大效应”。青藏高原地区平均每 10 年增温 0.41℃，是全球平均升温水平的 2 倍。气候变暖导致长江源的水文情势发生变化。水温方面，长江正源沱沱河唐古拉山断面 2011—2015 年 6 月和 7 月较 1977—1980 年 6 月和 7 月平均水温分别升高了 1.6℃和 1.7℃。气候变化通常被看作长期的生态压力来源，因此，管理人员和研究人员不一定总是将其视为优先事项。但是，它可能通过影响栖息地而对鱼类产生负面影响。

另外，气候变化引起湖泊扩张，咸水湖泊湖水漫溢汇入河流后，引起的盐度升高可能危及鱼类生活史的最敏感阶段——产卵期和胚胎发育期，继而威胁到鱼类的生存和整个水生态系统的安全。

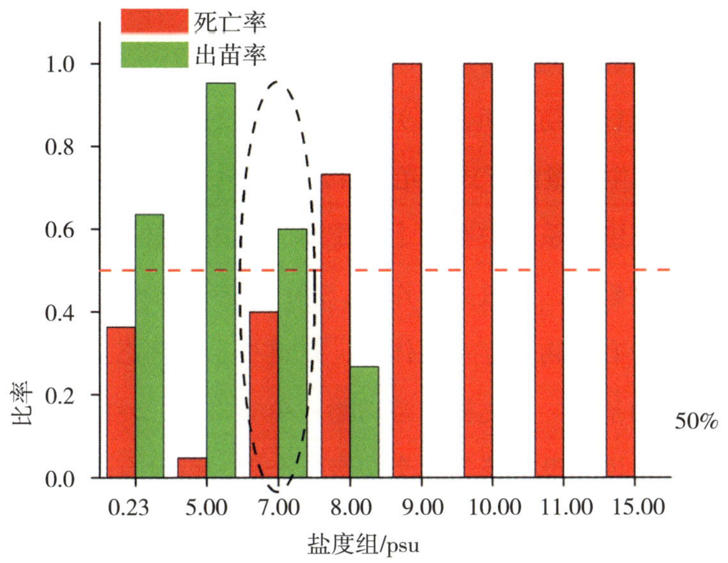

◎ 长江北源关键鱼类受精卵出苗率随盐度升高而变小

90.浮游植物有什么重要作用?

浮游植物是指浮游藻类，通常包括蓝藻门、绿藻门、硅藻门、金藻门、黄藻门、甲藻门、隐藻门、褐藻门和裸藻门等门类，是生活在淡水或海水水体中营浮游生活，随水流被动或主动（少部分）运动，能够进行光合作用的一种低等原生生物，多数为真核生物，有些也为原核生物（如蓝藻）。藻类与细菌和原生动物的不同之处在于藻类产生能量的方式为光合自营。

藻类在生态系统中有着十分重要的作用。藻类是水体初级生产力的主要贡献者，通过光合作用，利用光能将水体中的氮、磷等无机物转化为有机物储存在藻体内，是整个水生生态系统物质循环和能量流动的基础。藻类被浮游动物或鱼类摄取，使能量在食物链中传递。可以说，没有藻类这个初级生产者，就没有丰富多彩的水生生物多样性。

水体藻类对栖息地环境变化极其敏感。当水体被某种物质污染时，较敏感的藻种最先受到影响，数量急剧减少或消失，而一些耐受性强的藻类，则会疯狂繁殖。因此，可通过监测藻类的种类和密度的变动，分析判断水质变化情况，可以将藻类作为生物监测的指示生物进行水质监测和预警。

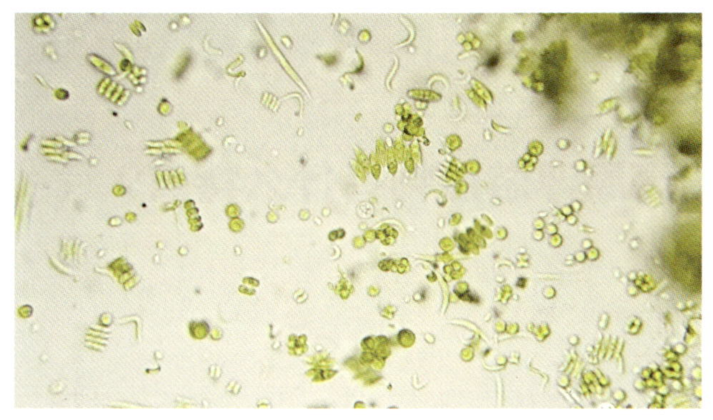

◎ 显微镜下水体中的藻类（栅藻、平裂藻、尖头藻等多种藻）

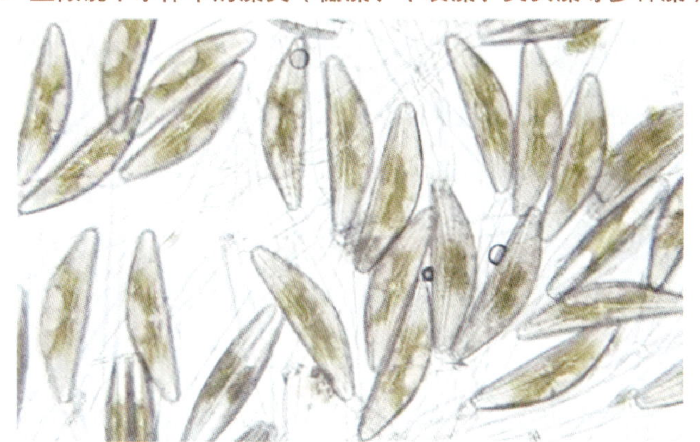

◎ 显微镜下水体中的藻类（硅藻门的桥弯藻）

◎ 显微镜下水体中的藻类（绿藻门的盘星藻）

91.青藏高原浮游植物有什么特点?

青藏高原水体大多是中营养和贫营养水体，由于水流速度快，水温低，加上高原紫外线强，形成高原特点的浮游植物结构和组成。高原水体中浮游植物主要呈现以下三个方面的特点：

1）在种类上，青藏高原水体的浮游植物在种类上主要以适应流动水体的硅藻为主，其次是绿藻和蓝藻。

2）在数量上，由于青藏高原水体营养盐含量低、水温常年偏低，不利于藻类的大量快速增殖，青藏高原水体中的浮游植物的密度通常明显低于平原区的水体，通常每升水含藻量为10万~100万个。

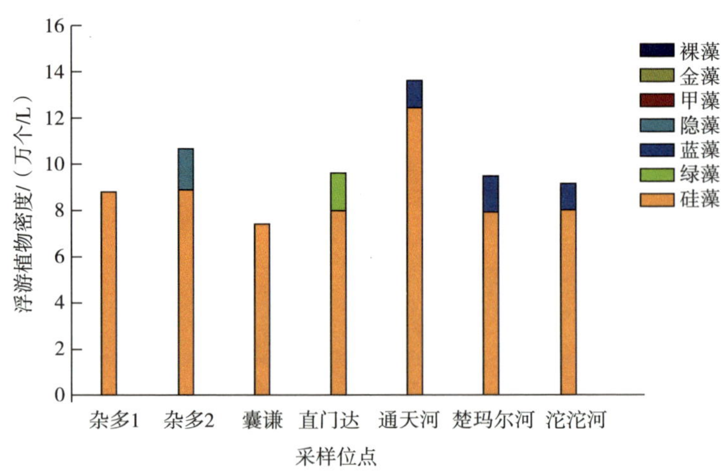

◎ 2012年7月江源科学考察藻类的种类和密度

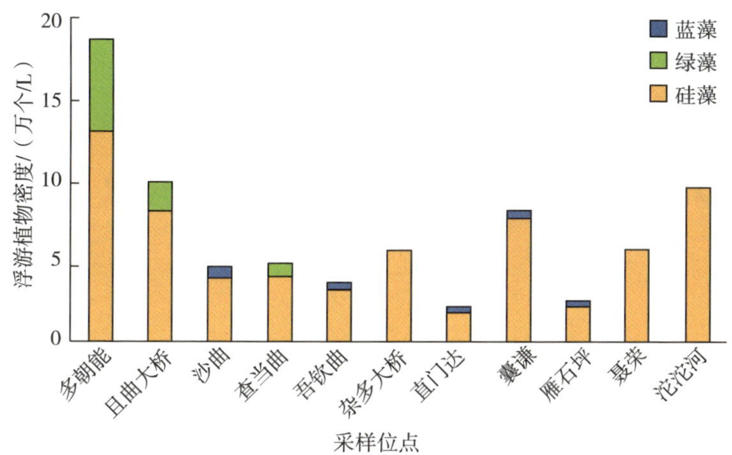

◎ 2015年7月江源科学考察藻类的种类和密度

3）在藻类的形态上，由于青藏高原水体大多为中营养和贫营养水体，加之水温常年偏低，相比平原区水体中浮游植物，其个体相对偏小、偏瘦，藻体的内含物（淀粉和蛋白质粒）也相对较少。

由 2012 年 7 月和 2015 年 7 月长科院江源科学考察藻类的种类和密度图可知，江源区藻类的密度相对较低；种类相对单一，主要以硅藻为优势种，其次是绿藻和蓝藻。

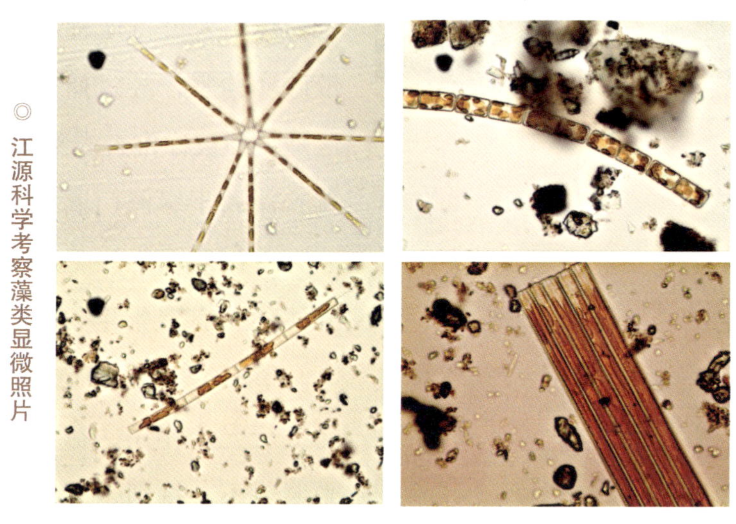

◎ 江源科学考察藻类显微照片

92.青藏高原为何会出现红雪地奇观?

在我们的认知中，藻类主要存在于淡水和海水中，那么在海拔五六千米的高原冰川，气候极度恶劣，气温通常在 -50~-30℃，是不是就没有藻类了呢?

要回答这个问题，就要从我国的青藏高原科学考察说起。我国科学家近期在青藏高原科学考察时，在海拔 5000m 以上的雪域高原上，在 -30℃的雪地里，发现了血红色的斑块。这些斑块远看像红色的雪一般，在阳光下灿若晚霞，十分奇特。

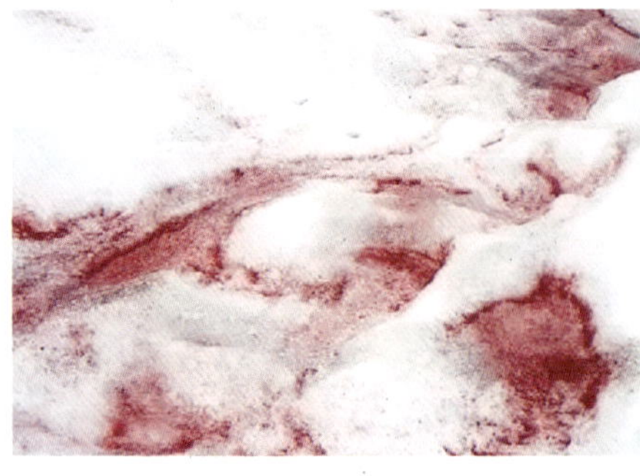

◎ 青藏高原红雪地奇观

科考人员将这种红色雪团带回实验室，经过研究，发现这是一种被称作雪衣藻的藻类。雪衣藻属于绿藻门衣藻科，藻体为单细胞，无鞭毛，以不定群体的状态聚集生长，细胞壁厚。雪衣藻平时的颜色为绿色，能进行光合作用，在高寒且强光照射下，特别是紫外线强烈的雪域高原条件下，为避免细胞被紫外线损伤，细胞就会产生一种红色的胡萝卜素，这样藻体就呈现血红色。这种藻能忍受高度干寒环境，可以在 –30℃的条件下生存，它们产生的孢子也不怕低温，冬天留存在雪中，待天气好转时开始生长，就产生了“红雪”现象。

近年来，这种现象在雪域高原和南极都时有发生，而且出现“红雪”的频率越来越高。科学家们研究发现这种“红雪”现象与气候变暖关系十分密切。全球气候变暖为高原雪衣藻的生长提供了条件，因此高原出现“红雪”现象时有发生。

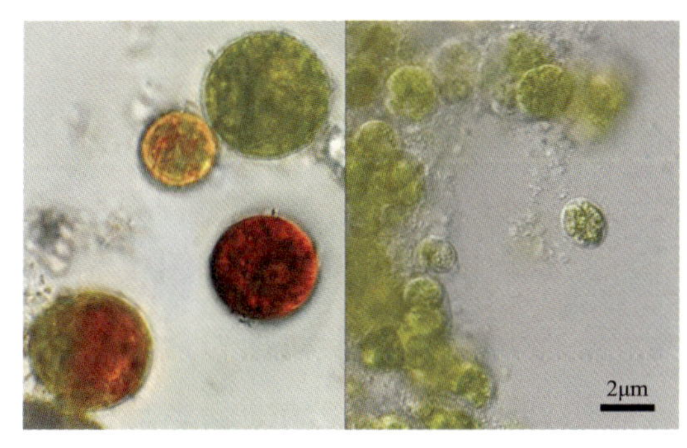

◎ 青藏高原红雪地奇观——不同生理期的雪衣藻显微照片

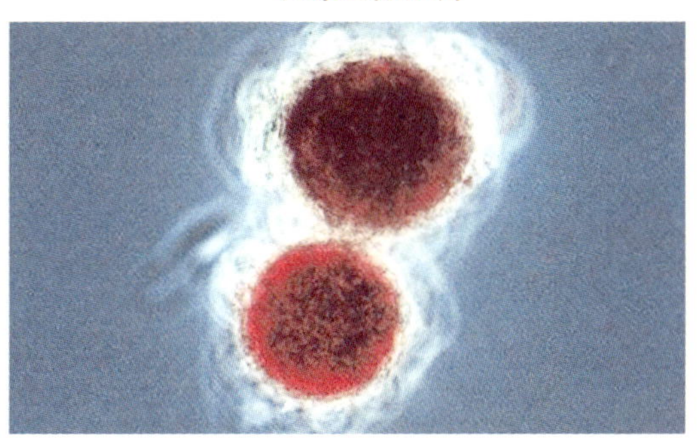
◎ 青藏高原红雪地奇观——雪衣藻的显微照片

近年来，长江源区的“红雪”现象也时有发生，预示着我们赖以生存地球气候环境已经受到人类活动的影响。臭氧层空洞现象在加剧，全球气候变暖日益明显，种种气候变化会带来一系列的生态环境问题，进而影响到我们人类赖以生存的地球环境。因此，我们要发展清洁能源，减缓温室气体排放，保护好我们的地球家园。

93.浮游动物是什么，有什么重要作用？

浮游动物是一类经常在水中浮游，本身不能制造有机物的异养型无脊椎动物和脊索动物幼体的总称，是在水中营浮游性生活的动物类群。它们或者完全没有游泳能力，或者游泳能力微弱，不能作远距离的移动，也不足以抵拒水的流动力。浮游动物吃比它们更小的动植物，主要包括浮游藻类、细菌、桡足类，以及一些食物碎屑。

浮游动物在食物链中处于十分重要的地位，是中上层水域中鱼类和其他经济动物的重要饵料，对渔业的发展具有重要意义。很多种浮游动物的分布与气候有关，因此也被用作水质变化和水质监测的重要指示物种。

长江源区的浮游动物主要以原生动物为主，其次是桡足类和轮虫，偶见枝角类动物。长江源区浮游动物的分布与海拔高度呈明显的负相关关系，海拔越高，浮游动物的丰度越低，种类数也越少。

镖水蚤（放大 40 倍）

近邻水剑蚤（放大 100 倍）

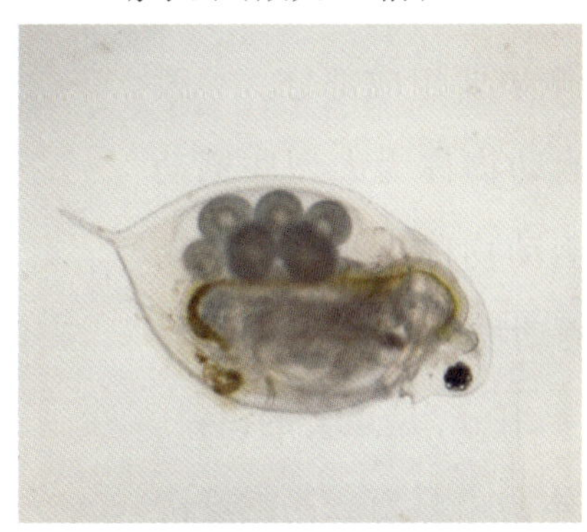

长刺溞（放大 40 倍）

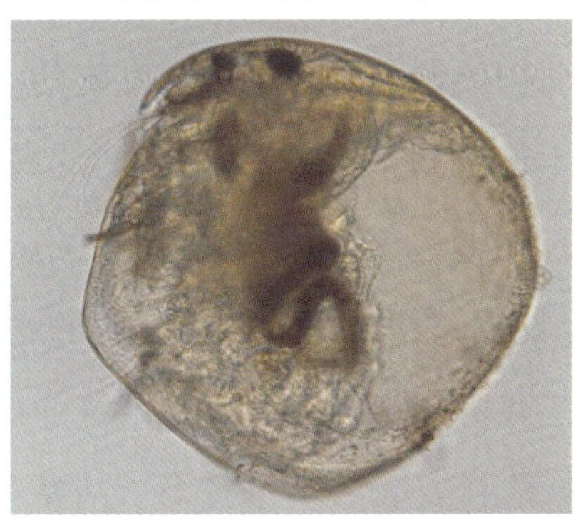

圆形盘肠溞（放大 200 倍）

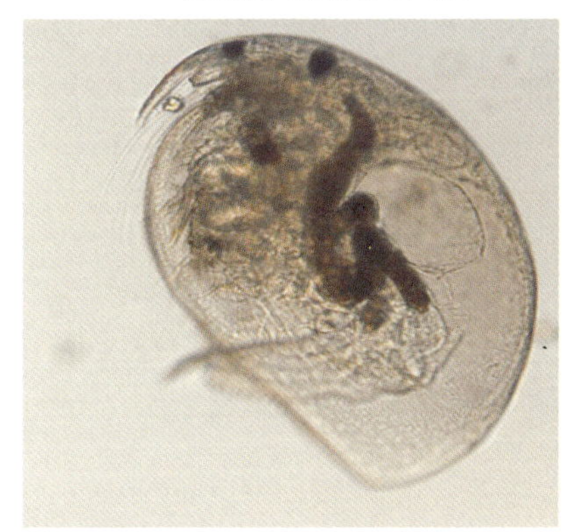

钩足拟平直溞（放大 200 倍）

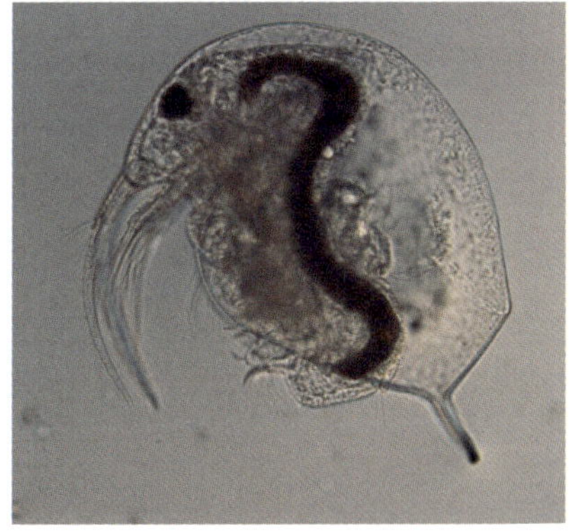

简弧象鼻溞（放大 200 倍）

◎ 长江源区主要浮游动物显微照片

94.底栖动物是什么，有什么重要作用？

底栖动物是指全部或大部分时间栖息于水体底部的水生动物类群，是水生生态系统的一个重要组成部分。一般将不能通过 0.5mm 孔径筛网的底栖动物称为大型底栖动物；能通过 0.5mm 孔径筛网的底栖动物称为小型底栖动物；能通过0.042mm孔径筛网的底栖动物为微型底栖动物。

底栖动物是淡水生态系统的重要组分，是鱼类的饵料。有些底栖动物如大型蚌类、河蟹等本身就具有较高的经济价值，还有些底栖动物具有指示水质或水环境状况的作用，常被用作水生态环境监测的指示物种。

角石蛾科　霍甫水丝蚓

螟蛾科　盖蝽科

苏氏尾鳃蚓　齿蛉科

◎ 长江源区底栖动物显微照片

95.长江源的底栖动物有什么特别之处?

由于长江源区水温较低、河流腐殖质偏少、多为块状砾石底质等独特的水文及底质特征,因此长江源区底栖动物总体上种类很少、多样性较低。其中,很少有螺类等软体动物的存在,而喜在溶解氧含量较高的溪流水体中生活的节肢动物门襀翅目则较为常见。

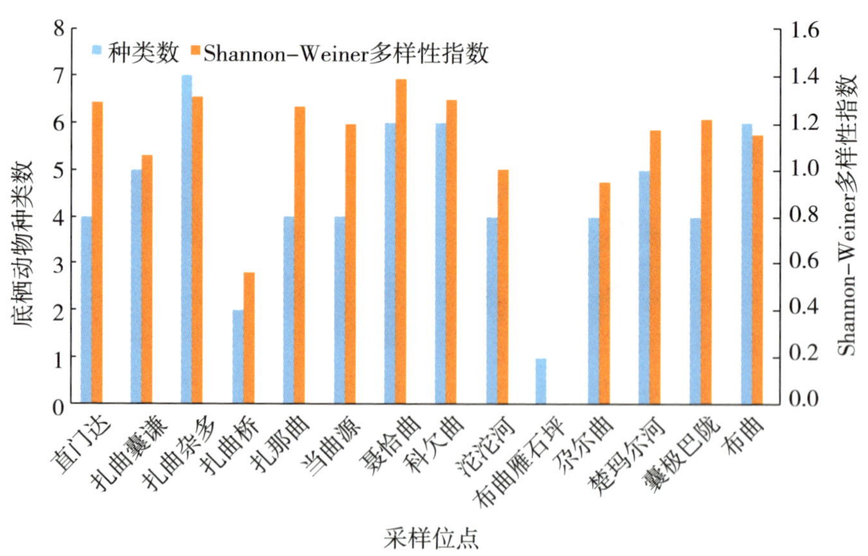

◎ 长江源区底栖动物种类数与Shannon-Weiner多样性指数

叉襀科叉襀属

扁蜉科高翔蜉属

襀科

纹石蛾科纹石蛾属

◎ 长江源区部分底栖动物

问源

第八章

高原动物的生存之道

96.在没有树木的高原草甸环境，鸟类繁殖时如何筑巢？

在三江源国家公园区域繁殖的鸟类约有150种，以湿地水鸟和草原鸟类为主，除了常年生活在这里的留鸟外，还有40%的鸟类是被这里凉爽的天气所吸引，专门在夏季从遥远的地方迁来繁殖后代。在这片土地上，除了大杜鹃（*Cuculus canorus*）为寄生性鸟类不筑巢外，其他鸟类在繁殖前都需要筑巢以保护鸟蛋和雏鸟。但是在没有树木的高海拔草原草甸，它们如何筑巢呢？

江源地区地广人稀，鸟类将筑巢本领发挥得淋漓尽致。鸟巢有地面巢、地下洞巢、悬崖巢、岩洞巢、灌丛巢、沼泽巢、水面浮巢等多种形式。有的鸟是筑巢高手，每年都精心选址筑新巢，有的却是“捡漏能手”，专门捡其他鸟废弃的巢，还有些鸟随心所欲地筑巢，技术较差。

地山雀（*Pseudopodoces humilis*）是青藏高原特有的挖洞能手，它的嘴巴又长又尖，可以在地面或斜坡上轻松挖出1~2.5m长的洞道，洞道末端是一个膨大的球形巢穴。

◎ 角百灵的地面巢

地山雀夫妇在巢穴里面铺上柔软的草茎、毛发，就做成了一个供雏鸟安心孵卵和育雏的避风港，它们的巢可能是高原上最舒服的鸟巢。一般情况下，它们每年都会重新挖洞做巢，废弃的洞巢则会被崖沙燕（*Riparia riparia*）、棕颈雪雀（*Pyrgilauda ruficollis*）、白腰雪雀（*Montifringilla taczanowskii*）等次生洞巢鸟捡漏。

虽然大山雀（*Parus minor*）和地山雀同为山雀科，但是大山雀不会打洞。生活在低海拔地区的大山雀利用现成的树洞做巢，而在高原上没有树木时，它们便寻找离地面较低的岩石缝做巢。

喜欢在水边觅食的白顶溪鸲（*Phoenicurus leucocephalus*）和岩燕（*Ptyonoprogne rupestris*）将巢筑在悬崖裂缝中，悬崖下面往往是湍急的水流。

角百灵（*Eremophila alpestris*）、小云雀（*Alauda gulgula*）等鸟类在地面做巢，通常会背靠一株植物如狼毒、棘豆等，在植物根部刨一个浅坑，然后铺上草茎、动物毛发等巢材，利用自身的羽毛颜色伪装来躲避天敌。

朱雀、朱鹀（*Urocynchramus pylzowi*）等小型雀形目鸟类喜欢在灌木丛中活动，巢也筑在灌丛上。

猛禽如高山兀鹫（*Gyps himalayensis*）、大鵟（*Buteo hemilasius*）、金雕（*Aquila chrysaetos*）等凭借强大的飞行能力，多将巢筑在比较高的悬崖峭壁的凹陷处，可避风雨和天敌。

水鸟离不开水，筑的巢通常在水源附近。为了躲避天敌，斑头雁（*Anser indicus*）会将巢筑在湖心岛上，黑颈鹤（*Grus nigricollis*）喜欢在沼泽草丛里筑简陋的地面巢，普通秋沙鸭（*Mergus merganser*）在水边草丛、岩洞等有遮挡的地方做巢，凤头䴙䴘（*Podiceps cristatus*）则在水面做浮巢。

虽然江源地区生境相对比较单调，但鸟儿们都能各凭本领，找到适合自己的筑巢方式，一代一代将基因延续下去。

◎ 红嘴山鸦的土崖巢

◎ 凤头䴙䴘的水面浮巢

◎ 地山雀的地下洞穴巢

97.同样食腐的高原鸟类如何和平共处?

食腐即以尸体为食。平原地区的食腐鸟类多是兼性食腐，如白颈鸦（*Corvus torquatus*）、秃鼻乌鸦（*C. frugilegus*）等乌鸦虽以食腐出名，但其实是杂食性的，主要吃活的动物，也吃植物和腐肉。高原地区则多专性食腐鸟类，如高山兀鹫、胡兀鹫（*Gypaetus barbatus*）、秃鹫（*Aegypius monachus*），一般情况下它们不攻击活的动物。

高海拔地区微生物和食腐昆虫的活动受到干燥、低温、强紫外线等气候条件的限制，对动物尸体的分解作用减弱，从而为大量食腐动物创造了生存空间。高海拔地区除了几种大型的专性食腐鸟类外，还有渡鸦（*C. corax*）等兼性食腐鸟类。

◎ 长江文明馆的秃鹫（左）与胡兀鹫（右）标本

这些同样食腐的鸟类如何和平共处呢？之

所以提出这个疑问，是因为环境中的动物尸体有限，食腐的动物多了就必然存在竞争。食物越短缺，竞争就会越激烈，共存的可能性就越小。在资源有限的情况下，同一个生物群落或生态系统中的动物们只有产生生态位的分化才能和平共存。生态位即一个物种在生态系统中所利用的资源，包括食物、天敌、活动时间、活动空间等。如蝴蝶和蛾都取食花蜜，但大多数蝴蝶是在白天取食，而大多数蛾是在夜间取食，这样就产生了生态位的分化，避免了竞争。

◎ 长江源区刚吃完动物尸体的高山兀鹫

◎ 兼性食腐鸟类渡鸦

高原上的兼性食腐乌鸦，首先在体型上远小于鹫类，食量小，其次腐肉并不是乌鸦的主要食物，因此乌鸦对鹫类不构成威胁。

高山兀鹫、胡兀鹫和秃鹫的体长均在 1m 以上，食量惊人，而且都是白天觅食。但是，胡兀鹫主要以骨头为食，而高山兀鹫和秃鹫主要以腐肉和内脏为食，所以胡兀鹫可以和另外两种的任何一种共享食物，各取所需。高山兀鹫和秃鹫的生态位高度重叠，当它们出现在同一片区域且食物缺乏时，就会为争抢食物而斗争。但秃鹫的分布主要在江源以北地区，包括新疆、内蒙古，而高山兀鹫的活动区域主要在黄河上游以南地区，包括西藏、四川、云南。目前两者能够在一些区域共存可能有两个原因：一是共存区食物资源相对充足；二是两者力量相当，竞争起来难分胜负。

98.黑颈鹤为什么只在夏季来到江源？

黑颈鹤是一种大型湿地水鸟，是全球仅存的 15 种鹤之一，也是唯一一种只生活在高原的鹤。虽然我国藏族同胞很早就认识了黑颈鹤，并把它作为“神鸟”“吉祥鸟”，但是黑颈鹤真正为人们所知是在 19 世纪 70 年代，由俄国探险家、博物学家普尔热瓦尔斯基在青海湖发现并命名。

黑颈鹤的身体羽毛大部分是灰白色的，颈部羽毛为黑色，头顶裸露的皮肤为红色，眼睛下方和后方有一小块白色斑纹，尾巴上的松散黑色羽毛其实是翅膀上的飞羽。庞大的体型在草原上十分显眼。黑颈鹤和其他大部分鹤一样（除了非洲的两种冕鹤），后趾短小，无法和前面三趾对握，不能适应树栖生活，最适宜的生境是沼泽湿地。它们尖尖的嘴巴和细长的双腿非常适合在湿地觅食，食物包括植物的根、茎、叶、种子，以及鱼、蛙、昆虫等。

黑颈鹤虽然全年生活在青藏高原和云贵高原上，但夏季和冬季会进行迁徙。冬季主要在贵州西部、云南西北部和东北部、西藏中南部等食物相对充足的地方集群越冬。集群对鸟类的基因交流、信息交流、取暖、警戒等有非常重要的作用。但是到了繁殖季，每对黑颈鹤都需要一大片专属的领地来觅食和筑巢繁殖，而且为了防止

◎ 夏季在江源繁殖的黑颈鹤夫妇

“婚外”交配的发生，群体必须解散。夏季的江源地区气候凉爽、食物充足、生境适宜，且没有其他鹤类竞争生态位，成为黑颈鹤的首选繁殖地。4月初，成群的黑颈鹤开始飞回江源繁殖地，找到配偶后，便各自成对活动。为了躲避天敌，鹤巢通常筑在四周环水的茂密草丛中，每窝产两枚卵，之后才在卵的边缘围一些枯草，非常简陋。到了秋冬季节，江源地区严寒的气候条件和短缺的食物资源，不再适合鹤类生存，黑颈鹤便成群结队迁往其他地方越冬。

99.高山兀鹫真如外表那样恐怖吓人吗?

顾名思义，高山兀鹫就是脑袋和脖子光秃秃的鹫鸟。因高山兀鹫皮肤裸露、面相狰狞，有人也称其为“世界上最丑陋的鸟”。这种面相体征也可由达尔文进化论解释，高山兀鹫生来就喜欢把脑袋伸进动物的腹腔、胸腔中掏食内脏，脖子和头上的羽毛很碍事，而且会沾染很多血水污秽，不便于清理，因此随着进化便不再长了。除此之外，很多人认为高山秃鹫叫声恐怖吓人、令人起鸡皮疙瘩，这也是其丑陋的一面。

虽然高山兀鹫外在不堪，但内在却令人敬仰佩服。大自然中的大多生物喜欢吃新鲜的食物，可偏偏在高山兀鹫身上却颠倒了。高山兀鹫天生不喜欢杀戮，整日以动物的尸体为食，在陆地上充当“清道夫”的工作。作为尸体的分解者，高山秃鹫在大自然中扮演着不可或缺的生态作用。如果没有它们，动物尸体将无处安置，其腐烂过程不仅会散发恶臭气味，更会滋生病毒细菌；草原则可能变成难以想象的地狱。在藏族人观念中，高山秃鹫就是“神鸟”，他们也很少看见过高山兀鹫的尸体，这更为其蒙上了一层神秘色彩。

◎ 漫山遍野的高山兀鹫

100.藏羚适应高原生活的秘诀是什么？

藏羚（*Pantholops hodgsonii*）是青藏高原特有的动物，体长117~146cm，体重24~40kg。雌性藏羚没有角，雄性藏羚头上长着长而直的角，乌黑发亮，侧面看去，两角重合，像“独角兽”一样，容易识别。藏羚主要分布在西藏、青海、新疆海拔3250~5500m的高寒荒漠区，以禾本科、豆科、莎草科的多种植物为食。在青藏高原这样不亚于两极的极端环境中，藏羚能够繁衍生息，必定是进化出了特殊的生存技能。

低温是高原环境给出的第一个挑战。为了适应寒冷的环境，藏羚进化出了世界上最保暖的羊绒。藏羚的羊绒非常厚密，外层为粗糙的针毛，内层为绒毛，其绒毛比任何一种牛科动物的毛发都要柔软细腻，是御寒的法宝。不幸的是，这也成了它遭到屠杀的原因。

解决了低温挑战，还要面临缺氧难题。缺氧严重影响了动物的新陈代谢和行动能力。对于食草动物来说，敏捷的反应和快速的奔跑是躲避天敌的首要条件。为此，藏羚的身体演化出了一系列独特的结构来应对缺氧环境。一是有着凸而圆的鼻子，每个鼻孔内还有1个小囊，增大了鼻腔的容积，使得藏羚能吸入更多的氧气，以利于快速奔跑；二是心脏容积大，血液中红细胞含量高，血液循环能力和运输氧气能力强；三是藏羚身上藏着4个喷气式气囊，推测这4个气囊会喷出大量气体推动身体前移，使得藏羚奔跑如飞，最高时速可达80km，即使是妊娠期满临产的雌性藏羚，也能以较快的速度疾奔，这在其他草食动物中比较罕见。

◎ 可可西里的雄性藏羚

◎ 雌性藏羚

大部分藏羚并不固定生活在一个地方，每年会进行两次大迁徙，往返于越冬地和繁殖地。不同地理种群的藏羚，迁徙的距离和路线也不相同，但都是夏季去往繁殖地的羊群规模最大。只有可可西里的藏羚羊群不迁徙，因为那里本身就是藏羚迁徙的目的地之一。可可西里的卓乃湖、太阳湖等地是藏羚的“大产房”，每年约有3万只藏羚同时在这里产崽。

◎ 索南达杰自然保护站展示的藏羚皮毛标本

101.藏野驴如何躲避天敌？

藏野驴又叫藏驴，是典型的青藏高原特有物种，分布于青藏高原及其毗邻地域，国内见于西藏、青海、甘肃、新疆和四川 5 省，国外见于印度锡金邦、尼泊尔和克什米尔。藏野驴通常栖息于海拔 4200~5100m 的高寒荒漠地带，以白草、固沙草、芨芨草、苔草、茅草、各种针茅和蒿类等植物为食，耐苦寒环境。

藏野驴的体型高大粗壮，体长 182~214cm，体重 250~400kg，能与家马媲美。另外，它的尾梢与家马十分相似，人们亲切地称其为“野马”。但藏野驴没有“刘海”，且耳朵较长、能够灵活转动，有别

◎ 看到汽车驻足观望的藏野驴

◎ 集群的藏野驴

于家马。藏野驴头部和背部毛发主要为红棕色，腹部和四肢毛发为白色，躯干两侧有明显的分界线，区别于蒙古野驴。

藏野驴属于为数不多的站着睡觉的动物。它们没有像牛羊一样的角，也就没有能与天敌抗衡的武器。但草原上并不太平，特别是夜晚，白天隐藏在草丛或洞穴中休息的豺（*Cuon alpinus*）、狼（*Canis lupus*）等凶猛的食肉动物，常常在夜间成群出来围猎。在缺乏藏身之所的高原环境，体型高大的藏野驴只能时刻保持警惕，随时准备快速逃跑。在与天敌抗争的过程中，藏野驴练就了在高原上快速奔跑的本领。尽管如此，它们也不敢有丝毫懈怠，无论白天还是夜晚，从不卧地而睡，只敢站着打盹。

藏野驴有集群活动的习性。小的群体由 5~8 个成员组成，大的群体由 100~200 个成员组成。群体中会有一头领队的雄性藏野驴，负责带领驴群寻找食物和水源。当领队的雄性藏野驴察觉周围有危险时，会发出嘶鸣，下达逃跑的命令，带领驴群有序地逃跑。

102.豺与狼有什么不同?

豺和狼都是犬科动物，是高原生态系统的顶级捕食者。豺的体型比狼小、比赤狐（*Vulpes vulpes*）大，身体平均长 90cm，尾长可占一半，肩高约 50cm。雌性比雄性体型略小，成年雌性体重为 10~17kg，雄性为 15~21kg。

在英文中，豺又叫"red dog" "mountain wolf" "whistling dog" "Asian wild dog" 等，分别根据它的红棕色毛发、栖息环境、叫声和分布而来。豺的背部毛发为红棕色，尾巴末端逐渐变黑，从下颌到脖子、腹部、四肢内侧为白色，冬季毛发长、密、软，夏季毛发短、疏、硬。

在生物分类上，豺属于豺属，狼属于犬属。它们在形态特征上有肉眼可见的区别：豺的体型小，吻部较短，耳朵短圆，毛发主要为红棕色；狼的体型大，约是豺的两倍，吻部较长，耳朵小而尖，呈三角形，毛发为黑、白、灰三色。此外，豺比狼少两颗下臼齿，狼有 42 颗牙齿，豺有 40 颗牙齿；豺与狼的脚印也不同。

豺比狼和其他犬类更懂声音交流，它们会发出多种叫声来表达不同的含义，有时候是咯咯叫，有时候是尖叫，有时候是诡异的哨声。

豺是比狼还要凶猛的食肉动物，它们的主要食物是中到大型有

◎ 豺（左）和狼（右）足迹对比

蹄类动物，如牛、羊、鹿、野猪。捕食猎物时，豺有着和狼不同的策略，它们不会直接去咬猎物的喉咙，而是由一只豺负责从猎物前面攻击，抓猎物的鼻子或弄瞎猎物的眼睛，其他豺从侧面和后面将猎物推倒，像鬣狗一样从肛门掏出猎物的内脏，然后将猎物拖到隐蔽之处食用。

如果猎物刚好在水边，豺会将猎物驱赶到水里，使它们行动能力减弱，再进行杀戮。豺不仅跑得快、跳得高，而且极擅长游泳。在追赶猎物时，它们的耐力非常持久，而且是接力追赶，保持一只豺在前面紧追不放，大部队在后方稳步前进。

和大多数集群生活的掠食动物不同，豺群里没有明显的优势等级，一视同仁，捕到猎物时共同享用。而在狼群里，猎物总是优先供给等级较高者或领导者。

103.高原鼠兔是鼠还是兔?

高原鼠兔（*Ochotona curzoniae*）是青藏高原上数量最多的一种食草动物,体型很小,身长只有十几厘米,像鼠一样耳朵短圆、四肢短小、在地下营穴居生活，又像兔一样几乎没有尾巴，那么它到底是鼠还是兔呢?

通常来说,鼠指啮齿目鼠科和仓鼠科动物,兔指兔形目兔科动物。鼠和兔均为植食性动物，其门牙都是终生生长的无根齿，需要不断磨损才能保持合适的长度，都没有犬牙。但是，鼠的门牙只有一排，外面包裹着两层含有橘红色色素的珐琅质，所以牙齿看起来是橘红色的；兔的上门牙有两排，外面包裹着一层无色素的珐琅质，所以牙齿呈白色。此外，鼠有长长的尾巴来帮助调节体温，而兔的尾巴

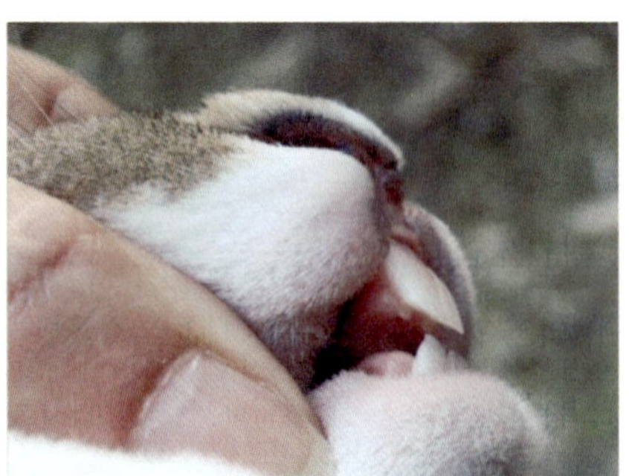

◎ 啮齿目（左）和兔形目（右）门牙对比

都比较短小或者没有尾巴。

◎ 高原鼠兔和它的栖息环境

◎ 高原鼠兔的粪便

鼠兔其实和鼠的亲缘关系比较远，而和兔的关系比较近。在生物分类上，高原鼠兔属于兔形目鼠兔科动物，和我们平常见到的兔的外形差异比较大。世界上现存的兔形目动物有 91 种，包括鼠兔科 30 种和兔科 61 种。我们熟悉的野兔和穴兔长着长耳朵和长腿，后肢比前肢长，也都属于兔科。

高原鼠兔是兔形目动物中进化得比较成功的类群，能够适应多种高原环境，不挑食，产生的粪便能够为植物提供营养，起到改善土壤肥力、提高植物多样性的作用，是生态系统中不可或缺的一员。凭借强大的繁殖力，高原鼠兔为几乎所有的食肉动物提供了食物保障，包括大鵟（*Buteo hemilasius*）、金雕（*Aquila chrysaetos*）、猎隼（*Falco cherrug*）等猛禽，以及荒漠猫（*Felis bieti*）、猞猁（*Lynx lynx*）、藏狐（*Vulpes ferrilata*）、狼等哺乳类动物。不过，在生态失衡的环境中，天敌的缺乏会导致鼠兔泛滥成灾，植物被过度消耗，密集的洞穴严重破坏草原植被，这反而成了一害。因此，国家提倡保护生物多样性，保护生态系统的完整性。

104.雪豹为什么被称为“雪山之王”？

雪豹（*Panthera uncia*）是一种大型猫科动物，体长110~130cm，尾长90~100cm，体重30~60kg，与虎、狮、豹、美洲豹一起组成豹属，和虎的亲缘关系最近。雪豹与四大猫科的其他动物最大的不同是，它发不出咆哮的声音。

雪豹主要生活在中亚和南亚海拔2700~6000m的多岩石区域，其中约60%的栖息地位于我国，包括西藏、青海、新疆、甘肃、内蒙古、四川和云南。作为青藏高原上的顶级捕食者，雪豹最常活动的区域是海拔4600~4730m的雪线附近，一只雪豹可以占据100km^{2}的土地，故有“雪山之王”之称。相比其他食肉动物，这位雪山之王在饮食方面还真有“王”的讲究，食性比较专一。在江源地区，雪豹与岩羊（*Pseudois nayaur*）是一对有名的“生死冤家”。雪豹专门捕食岩羊，岩羊走到哪儿，雪豹就跟到哪儿。在喜马拉雅山南坡，喜马拉雅塔尔羊分布比较集中的区域，雪豹专门捕食喜马拉雅塔尔羊。在新疆天山和阿尔泰山等地，则专门捕食北山羊。不过，“雪山之王”也并不是死脑筋，在食物缺乏的时候，也会捕食其他猎物如鹿、旱獭、鼠兔、大型鸟类等。

◎ 雪豹在江源的栖息环境

◎ 长江文明馆的雪豹标本

和大部分猫科动物一样，雪豹喜欢独居生活，伏击捕猎。在陡峭的山崖上伏击可不是一件容易的事情，伪装是伏击成功的首要条件，雪豹的一身岩石灰色毛发可以让它成功隐身在岩石堆中。雪豹最擅长从高处俯视猎物，一跃而下，咬住猎物的颈部。若成功捕到一只岩羊，雪豹可以一周不再捕食。一只雪豹一年需要捕食 20~30 只成年岩羊。

105.岩羊有什么生存绝技？

岩羊是牛科羊亚科的一种，是江源最擅长登山的羊，可与北美洛基山上的雪羊媲美。作为专门生活在高山岩石区的羊，岩羊和雪羊一样，练就了“飞檐走壁”的绝技，在几乎与地面垂直的悬崖峭壁上奔跑跳跃，如履平地。

岩羊主要分布在青藏高原及周边地区，国内见于西藏、青海、四川、甘肃、宁夏等地，可在海拔 1500~6000m 的范围内活动，随季节变化沿着海拔垂直迁徙，能适应多种生境。目前对岩羊生态学的研究主要集中在贺兰山地区，而对江源种群的研究比较缺乏。在 2022 年 7 月的江源科考中，笔者有幸在江源牙哥曲海拔 4550m 左右的高山上，目击到一群正在觅食的岩羊（约有 15 只）。即便是在植被最为繁茂的夏季，海拔 4000m 以上的地方植被依然非常稀疏，岩羊为了填饱肚子不得不到处奔波，寻找峭壁间未被啃食的植物，还要时刻警惕天敌如雪豹的出现，随时准备跳崖逃跑。

岩羊和其他大多数偶蹄目动物一样，每个蹄上只有两个

脚趾着地，另有两趾悬空，一趾退化消失，脚趾被坚硬的角质层包裹。但与其他羊相比，岩羊具有更加独特的适应登山生活的蹄部。首先蹄甲小而尖，可以轻松插入岩石缝隙；其次蹄甲外层坚硬，内垫柔软，既可以增大与岩石接触的摩擦力，又可以在跳跃时起到缓冲减震作用；最后蹄甲底部为凹槽形，有利于在凸起的岩石面保持稳定；而且两趾可灵活分开，像手一样有抓握能力。因此，岩羊被作为仿生蓝本，用于四足仿生机器人的研究。

◎ 牙哥曲成群觅食的岩羊

106.为什么高原大多数昆虫看起来迷你且颜色灰暗?

2022年，在江源海拔3500~5500m的调查中，我们未观察到体长超过30mm的大型昆虫，所采集的标本多数为体长5~30mm的中小型昆虫，且大部分昆虫外观黯淡无光，体色以暗黄、棕褐、灰黑色系为主。与平原地区色彩绚丽的昆虫相比，高原的昆虫十分“低调”，不仔细观察很难发现它们的踪迹。

有研究表明，在青藏高原生活的昆虫，其体型会随着海拔升高越来越小。这种定向的时空演化格局受三个方面的自然选择压力驱动：一是随着海拔升高，高原空气逐渐稀薄、气压降低、气体密度变小，昆虫在高原飞行或者跳跃的阻力远高于平原地区，小体型个体的相对比重较轻、空气浮力更大，在空中更易移动；二是高原植被稀疏贫乏，单位面积可提供的食物有限，体型小的昆虫可以利用更

◎ 采自青藏高原地区的灰蝶类标本

◎ 采自江汉平原地区的灰蝶类标本

◎ 采自青藏高原地区的蛾类标本

◎ 采自江汉平原地区的蛾类标本

少的资源完成发育与繁殖，有利于高原生态的动态平衡；三是高原气候只有冷、暖两季，年均气温很低，在不利于生存的高寒条件下，小体型个体能在较短时间内快速提高体温，更充分地利用阳光完成个体发育，且小体型个体在高原寒冷和大风降临时，更容易找到庇护所延续生命。因此，在青藏高原高海拔地区生活的大多数昆虫体型较小。

从中长期来看，青藏高原的生态系统一直处于相对稳定状态，低温、强紫外线的定向选择压力促使高原昆虫体色向着暗黑色系进化。深化的体色有利于阻挡紫外线对体表细胞的伤害，在相同条件下，深色的体表可以吸收更多热量，深色的个体能在较短时间内完成生命周期。高原高海拔地区每年 6—9 月是植被生长季，剩余 8 个月植被基本处于枯萎状态，裸露的空地和干枯的植被共同形成高原深色地表，体色暗黑的昆虫更能融入栖息环境、隐藏自身、躲避天敌，因而高原等高海拔地区颜色暗淡的昆虫是优势类群。

107.为什么绢蝶的大多数种类生活在青藏高原上？

绢蝶是昆虫纲鳞翅目凤蝶科绢蝶亚科绢蝶属蝴蝶的统称。绢蝶成虫的翅面鳞片稀少呈半透明状，看起来像薄薄的绢布一样，其后翅边缘圆滑无尾突。我国是拥有绢蝶种类数最多的国家，约占世界已知绢蝶种类数的77%。它们大多数分布在海拔3500~5200m的高山林线以上、雪线以下的位置，寄主植物主要为景天科、紫堇科植物等。绢蝶是典型的高山型物种，在高寒、缺氧的极端环境下仍能完成生物周期，目前大部分昆虫学者认为绢蝶的起源和发展与青藏高原的形成及高度变化相关，绢蝶的演化与其寄主植物的快速适应性辐射同步发生。

在渐新世到中新世，地球气候从温暖转向寒冷，植被分布范围受气温影响开始退减，中纬度地区曾经广泛分布的热带植物、亚热带植物逐渐被温带植物取代，生长于青藏高原地区的植物随着高原的隆升，在高海拔、低温、缺氧的自然选择压力下快速分化，景天科植物正是在此时形成的，而后景天科、紫堇科植物随着第四纪冰期、间冰期的交替发生向不同纬度地区辐射。冰期时全球气温急速下降，冰川向外蔓延，耐寒的景天科与紫

◎ 采自青藏高原地区的依帕绢蝶（*Parnassius epaphus*）标本

羲和绢蝶

（*Parnassius apollonius*）

夏梦绢蝶

（*Parnassius jacquemontii*）

红珠绢蝶

（*Parnassius bremeri*）

天山绢蝶

（*Parnassius tianschanicus*）

姹瞳绢蝶

（*Parnassius charltonius*）

冰清绢蝶

（*Parnassius glacialis*）

◎ 中国部分绢蝶标本（来源：维基百科）

堇科植物向低纬度低海拔地区扩张，绢蝶随之扩散，至全球冰川面积最大时，绢蝶分布范围最远可到达今江苏连云港地区。间冰期，冰川大规模退缩，低纬度地区温度上升，绢蝶随寄主植物回迁至寒冷的高纬度地区，同时少部分类群留在低纬度高海拔高山地区继续演化。第四纪至今，虽然在其他高海拔地区有绢蝶可以生存的环境，但是在隆升的青藏高原地理阻隔下，已演化的种类难以扩散，所以绢蝶的大多数种类都生活在青藏高原上。

108.为什么有些高原蝗虫翅很短或没有翅?

现生昆虫一般拥有两对翅，称为前翅和后翅，分别生长在中胸和后胸上，不同昆虫的翅在演化过程中会有适应性变化。昆虫作为无脊椎动物里唯一具有飞行能力的类群，昆虫翅的作用十分重要，不仅可以扩大活动和分布范围，还能在激烈的生物竞争中增加优势。

蝗虫通常指昆虫纲直翅目蝗亚目的类群，其广泛分布于世界各地。不同生境中的蝗虫形态差异极大。在低海拔地区，蝗虫生活的

◎ 采自江汉平原地区的蝗类标本

◎ 采自青藏高原高海拔地区的蝗类标本

环境条件相对适宜，充足的食物养育了丰富的物种，其生存压力主要来源于种间竞争和天敌袭击。为了更好地占据生态位、繁衍扩散，低海拔蝗虫大多数都拥有发达的翅，善于飞翔。高原上的蝗虫生存虽然也受天敌捕食和种间竞争影响，但是恶劣的气候条件才是它们面临的最严重的生存危机。高原蝗虫翅的分化有两个方向：一是保持长翅型，静止时翅的末端一般超过或达到后足股节的端部，飞行能力极强；二是演化为短翅型或缺翅型，飞行能力大减或完全不能飞行。青藏高原短翅型和缺翅型蝗虫种类占比随海拔的升高而增长，在海拔 4000m 以上，短翅型和缺翅型蝗虫占比超过 69%，长翅型蝗虫占比低于 31%。

在大风、低温、低氧条件下，高原本身植被稀疏、食物匮乏，合理的能量分配有利于种群的延续，而飞行意味着需要更多能量，因此，部分生活在青藏高原高海拔地区的蝗虫，在进化的历程中舍弃了祖先曾赋予它们的飞行能力，转向地面探寻生机。

109.为什么青藏高原的特有种昆虫比例特别高？

距今约 3 亿年前，青藏高原尚未形成，其所处位置是一片海洋（特提斯洋），这片海洋的北面是劳亚大陆，南面是冈瓦纳大陆，原始昆虫在两块大陆上广泛分布。随着冈瓦纳大陆分裂、印度板块向北漂移与欧亚大陆碰撞等一系列地壳运动的发生，特提斯洋关闭，古青藏高原地区环境由海洋变成陆地。此时的青藏高原是一片平原，来自欧亚大陆的北方昆虫种和冈瓦纳大陆的南方昆虫种迁移扩散到新生成的广袤大陆上，开始了它们的世代更迭。

5500 万至 5000 万年前，随着大洋俯冲和大陆碰撞程度加剧，青藏高原地面开始向上生长，山脉拔地而起，在此生活的昆虫随着栖息地海拔迅速抬升，开始向高山亚高山特有类群演化发展。当青藏高原海拔隆升至 4500~5000m 时，由于温暖湿润的印度洋季风难以越过巍峨的高山，高原内部气候变得干燥寒冷，大气压下降，紫外线增强，植被退化。在自然选择的压力下，变异性弱的昆虫类群会因不能适应环境而趋于灭绝，变异性强的昆虫类群则演化出适应环境的性状而得以保留，并随着时间的前进而进化为高山高原特有种。

到了 260 万年前，地球进入冰川时代，青藏高原内部冰期和间

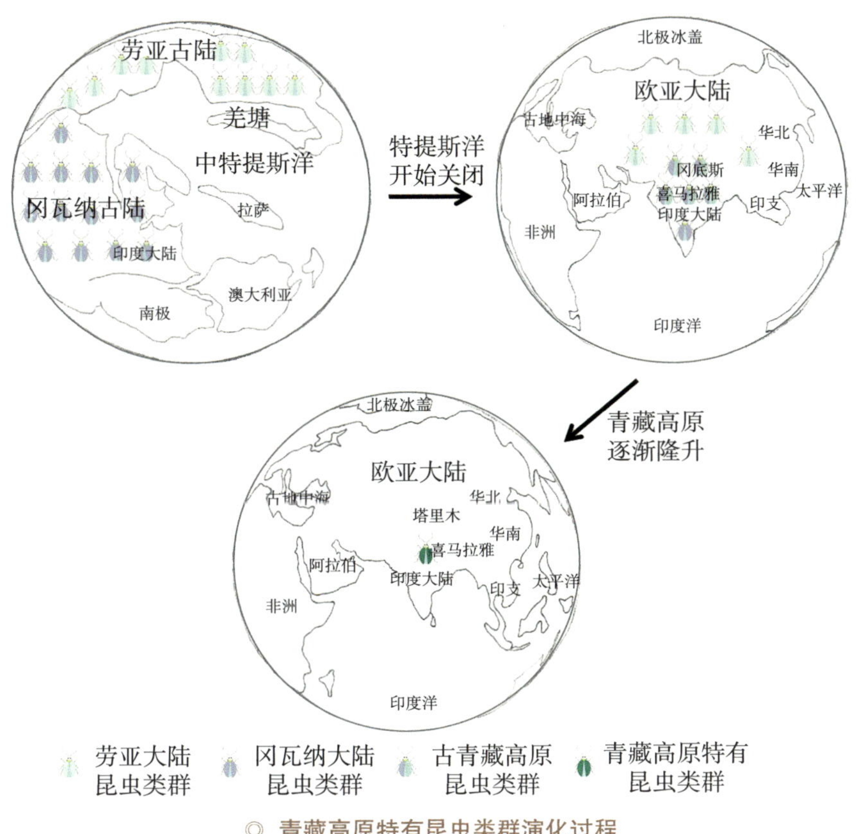

◎ 青藏高原特有昆虫类群演化过程

冰期的交替出现，导致高原昆虫开始规模性迁移。冰期北方封冻，昆虫迁往温暖的南方；间冰期北方解冻，已经南迁的昆虫一部分选择回归北方，而另一部分则向解冻的高山探进，在高原地理阻隔和独特生境的长期选择下，奔向高山的昆虫渐渐演化成我们所了解的特有类群。

时至今日，被称为世界第三极的青藏高原仍在向上生长，高原内部不同区域小环境自然条件差异巨大，昆虫类群的分化与替代十分频繁，因此青藏高原的昆虫特有种比例特别高。

·问源·

第九章

风土人情

110.藏区随处可见刻着经文图案的石头是什么?

雕刻有观音心咒的石头被称为玛尼石，遍布在藏区各地的路口、山间、湖边、河畔。“玛尼”是佛经中观世音菩萨六字真言“嗡嘛呢叭咪吽”（梵文罗马拼音 om ma ni pad me hong）的简称。作为中心轴式的这六个字，概括了佛法的全部价值观念和奋斗目标，是一切善法功德的本源、涅槃解脱的大道。藏族对佛教文化有着特殊的

◎ 玛尼石刻图纹

◎ 藏区藏族人祈福用的玛尼堆

感情，以做佛事为崇高的行为。在广袤的草原上、偏僻的山沟里，人们刀笔不停，艰苦劳作，在一块块普通的石头上刻画经文以及各种佛像和吉祥图案，并饰以色彩，使平凡的石头变成了玛尼石。虔诚的藏族信徒相信，只要持之以恒地把日夜默念的六字真言纹刻在石头上，这些石头就会产生一种超自然的灵性，给他们带来吉祥如意。随着人们的不倦纹刻，各种各样、大小不一的玛尼石聚集起来，就成了玛尼堆和玛尼墙。现在的玛尼石刻，意在驱魔镇邪、护佑众生。人们在藏族地区处处都能看到的一座座形状不同的玛尼石刻图纹，反映了藏族同胞们无限美好的吉祥祈愿。

111.为什么说“一块牦牛粪，一朵金蘑菇”？

牛粪在藏语中被称为“久瓦”。对于内地人而言，牛粪是避之不及的废物，看到它的第一反应就是绕着走。而在藏区，牛粪不仅是财富的象征，也是必备的嫁妆，还是藏族人民生活的必需品。少有人能够做到“视金钱如粪土”，但藏族人民却是真正的“视粪土如金钱”。有句谚语就是“一块牦牛粪，一朵金蘑菇”。在藏区，

◎ 两位藏区牧女正在草原上摊晒所捡拾的牛粪（拍摄者：唐召明）

◎ 藏区牧民家中正在用牛粪取暖和烧火做饭

你会发现很多牧民都在屋外堆着一道牛粪墙，而谁家的牛粪墙越高越长，代表这家的主人就越勤快、越富有。牛粪本身就是极好的肥料，能使土质肥沃、牧草丰茂。但在牧区，牛粪主要作为燃料，用于烧火做饭、取暖，还能涂在房子的墙上，对屋子起到保温的作用，使屋内冬暖夏凉。在民俗活动中，牛粪甚至是吉祥物，人们在举行婚礼、丧葬、过年、乔迁，进行煨桑敬神、屋檐装饰，甚至治疗某些疾病时，牛粪都是不可缺少的必备物。对藏族同胞们来说，牛粪一直是他们心中的宝藏，给大地带来福泽。

112.草原上的“白灾”“黑灾”“灰灾”分别是什么？

“灾”字本义为火灾，甲骨文字形，像火焚屋的形状，此后引申指各种天然灾害和人为的祸患。草原上的灾跟其他地方的灾是一样的，只是因为人们对灾难的理解有所差异，所以叫法不同。白灾是雪灾，是由雪多、雪急造成的。黑灾是冬季干旱，是由雪少造成的。灰灾是沙尘暴，是受气候和某一时期的气流影响所致的。

所谓白灾，是冬季牧区降雪过多，掩埋牧草，使牲畜无法采食的严重自然灾害。一旦暴发白灾，直接影响就是众多家畜会冻伤、冻死、饿死。白灾对于牧民来说是“灭顶之灾”，每一年的冬天，预防白灾都是重中之重，预防的方法包括但不限于囤草、加固牲畜住所、密切关心天气变化等。而为什么牧民不说雪灾而说白灾呢？这是因为牧民心怀虔诚和敬畏，不希望因直接称雪灾而引起大自然愤怒。黑灾是白灾的反义，黑灾是没有雪形成的灾害。冬天草原上少雪或者无雪会造成牧区缺水，进而导致牲畜因缺水而掉膘、伤膘，延长出栏期，消耗牧民更多的劳力和时间。黑灾虽不及白灾来得快，带来的损失也不及白灾直接，但黑灾产生的间接损失也不小。而灰灾，

◎ 白灾影响下的牦牛生存环境面临严峻考验

即沙尘暴，通过风蚀破坏地表表层营养土，覆盖一层肥力弱、对牧草生长无益的沙土，导致青黄不接的现象发生，进而影响牲畜养膘和产崽，牧民也会因此遭受巨大损失。

在很长一段时间内，这三种灾害还将影响牧民。国家在应对草原“三灾”方面制定了完备的应急预案，应急救援能力得到显著提升，有效帮助牧民减少了损失。

113.可可西里为什么“可远观而不可亵玩焉”？

自然界的生命奇迹无处不在，但也有一些地方条件非常恶劣，让人类这个高等物种望而却步，从而成为“无人区”。就我国而言，有四大著名的“无人区”：新疆罗布泊、新疆阿尔金山、青海可可西里和西藏羌塘。可可西里，地处青藏高原腹地，光听这个名字，你都会觉得充满浪漫气息。在蒙语中，“可可西里”意思是“美丽的少女”，足见此地在人们心目中的神圣地位，有一首广为传唱的歌曲《陪我到可可西里去看海》描绘了它的清纯之美。的确，这里无论是纯净的天空，还是温暖舞动的戈壁火光，以及民间传说中蕴含的无数秘密，都牵动着众多探险者的神经，吸引着他们前往。但与这无与伦比的“美”相比，它更大的称号是“无人区”。2020年，青海省格尔木市公安局发布消息：禁止一切社会团体或个人随意从格尔木前往可可西里从事旅游、探险、非法穿越等活动。但无奈，

◎ 索南达杰自然保护站

再三警告似乎也没有效果，悲剧还是一再发生。可可西里最可怕的地方，或许就在于它“明知山有虎，偏向虎山行”的致命诱惑。迄今为止，成功徒步穿越可可西里的人屈指可数，但失踪人员则不计其数，死亡率甚至高于攀登珠穆朗玛峰。多年来埋葬在可可西里下面的骸骨，就是最好的劝导。话说回来，可可西里之所以如此可怕，无外乎以下几个因素：

第一，地理环境太过恶劣。可可西里是我国面积最大的无人区，淡水稀少、氧气稀薄，且昼夜温差极大，不适宜人类居住。

◎ 可可西里盐湖

第二，可可西里是野生动物的天堂，不仅有相对温顺的藏羚、牦牛，更有大量的凶禽猛兽，包括雪豹、狼、鹰等大型食肉动物。而人类在这，常处于食物链的底端，是被猎杀的对象。

第三，可可西里的最可怕之处，更在于它的不为人知。人类对地球的认知仍存在大量盲区，包括深地、深海等，而可可西里也有很多地方超出大家的认知。即使经验丰富的搜救队员，每次探索也都会有新的发现。

114.被称作“文成公主的眼泪”的河在哪里？

相传，文成公主远嫁松赞干布时曾经过一座山。她在峰顶翘首东望，远离家乡的愁思油然而生，不禁取出临行时皇后所赐的日月宝镜观看，镜中顿时现出长安的迷人景色。公主悲喜交加，不慎失手，把日月宝镜摔成两半，日月宝镜正好落在两个小山包上，东边

◎ 倒淌河纪念碑

◎ 倒淌河—— 一条从东往西流的河

的半块朝西，映着落日的余辉；西边的半块朝东，照着初升的月光，日月山由此得名。日月山恰好挡去了一条东向河流的去路，河水不得不掉头回流。人们称这条河为倒淌河，甚至认为其河水就是文成公主的眼泪！

倒淌河位于距日月山 40km 的西山脚下，一股碧流永无休止地向西而去，流入浩瀚的青海湖。天下河水往东流，偏有此河向西淌，所以人们称此河为“倒淌河”。

据地质学家考察，两亿多年前，由于地壳运动，高原隆起，青海湖成为完全闭塞的湖，这才使本来向外泄的河只好转过方向向西流。

115.“天授唱诗人”究竟有多神奇?

在2022年上映的电视剧《昆仑神宫》中，沙宝亮饰演的“天授唱诗人”阿克让人印象深刻。但“天授唱诗人”并非虚构杜撰的人物，在藏区真真切切存在。在藏区说唱《格萨尔王传》的艺人被称为“唱诗人”。《格萨尔王传》是一部关于藏族传奇英雄格萨尔王降妖伏魔、

◎ 格萨尔王雕像

◎ “天授唱诗人”在为群众表演说唱格萨尔

抑强扶弱、造福百姓的征战史，被誉为“东方的荷马史诗”，共有120多部，100多万诗行，翻译成汉字有2000多万字，篇幅是印度史诗《摩诃婆罗多》的数倍、古希腊《荷马史诗》的数十倍。而“天授唱诗人”学习《格萨尔王传》的途径，与一般的“唱诗人”师徒传承方式不同，他们是“受命于天”，在大病一场或者是做了个梦后，便醍醐灌顶般记住了格萨尔王的精彩传奇，他们被称为“天授唱诗人”，或者“神授艺人”。根据著名藏学家降边嘉措所述，近些年在中国“唱诗人”有150余人，其中不乏很多人目不识丁就能说唱《格萨尔王传》，这种奇特的现象成为藏族文化研究领域的未解之谜。

116.尕朵觉沃“神”在哪里?

西藏的冈仁波齐、云南的梅里、青海的阿尼玛卿和尕朵觉沃并称为藏传佛教四大神山。黄河源区的阿尼玛卿雪山倒名声远扬，但长江源区很多神山却少为人知，这也平添了一层神秘色彩。尕朵觉沃中“尕朵”是“嘎巴旦麻”的简称，“觉沃”意为至尊或主神。尕朵觉沃位于青海省玉树藏族自治州称多县境内，由主峰及几十座环绕的山峰组成，其中主峰海拔 5470m，玉树人视其为守护神，为创世九尊神山之一。尕朵觉沃的藏语意思是“白圣客”，传说中一位智勇双全的将军，统率着将士们捍卫美丽富饶的“多堆”，使人们安居乐业，人畜两旺，其周围的 28 座山峰是将军的 7 位战将、7 位神医、7 位铸剑师、7 位裁缝师，在藏区其他神山也有类似情况。尕朵觉沃在古代是“上康区主神”，佛教经典《甘珠尔》中记述了尕朵觉沃神山有关悟道成佛的功德，吐蕃时期吐蕃赞普将此山奉为藏区的主要圣山之一并朝拜供奉，

在英雄史诗《格萨尔王传》中也以它为主要圣山之一供奉祭祀。因此，尕朵觉沃被披上了浓厚的宗教色彩，成为千古名山。

由于当地群众的自觉保护，尕朵觉沃神山未曾受到人为的破坏和污染，保持着原生状态。尕朵觉沃的山沟和山腰生长着茂密葱郁的灌木林，栖息着白唇鹿、马鹿、藏羚、岩羊、盘羊、雪豹、猞猁、黑颈鹤等珍稀野生动物。每年夏季，满山开遍小花，美不胜收，山上还生长着雪莲、雪茶、雪滴石、红景天、贝母，以及冬虫夏草等高原珍贵植物和药材。每年从藏区各地到此转山朝拜的信教群众络绎不绝。

◎ 尕朵觉沃

117.神秘的各拉丹冬在哪里？

◎ 各拉丹冬东北坡

各拉丹冬作为长江源正源沱沱河的源头，有着举足轻重的意义。各拉丹冬，对每一个人来说都是既熟悉又陌生，熟悉在它太伟大，孕育出了滚滚长江；陌生在它太遥远，在广袤无垠的青藏高原上独自耸立。各拉丹冬地区 6000m 以上山峰就有 48 座，其中 6500m 以上山峰 4 座、6400m 以上山峰 9 座、6300m 以上山峰 14 座。在这样一个群峰林立的地区，山峰独立性并不高，但因此造就了大面积的冰川，大部分山峰被冰川盖得如馒头一般。虽然它们没有横断山的悬崖峭壁，也没有喜马拉雅山的极端高度，但正是这样一个一个的“馒头”，举起了“中华水塔”，发育出几十条河流，向东千里。姜根迪如峰是各拉丹冬地区冰川的最高发育点，“姜根迪如”藏语意为“狼山”，指人无法越过，长江的第一滴水也源自此。

各拉丹冬地处青藏高原的腹地，冰川、水体等都是全球气候变化的指示剂。根据 2022 年江源科学考察，各拉丹冬东侧的岗加曲巴冰川末端出现约 0.3km^2 的“冰前湖”。岗加曲巴冰川中部露出的侧碛垄地形，标志着冰川冰面变薄，正在退缩，这也使岗加曲巴冰川呈现“一分为二”的迹象。冰川是生物多样性的顶端，作为“中华水塔”核心区，各拉丹冬冰川退化对我国水安全、粮食安全及社会稳定等产生重大影响。因此，保护长江，应从源头开始。

118.唐古拉山为何叫“雄鹰飞不过去的高山”？

唐古拉山藏语意为“高原上的山”，又称“当拉山”或“当拉岭”，在蒙语中意为“雄鹰飞不过去的高山”。相传，当年纵横亚欧大陆的蒙古大军欲取道青藏高原进入南亚次大陆，却被唐古拉山挡住去路。恶劣的气候和高寒缺氧，致使大批人马死亡，被迫改道。雄伟壮阔的唐古拉山就是青藏高原的代表和象征，也是藏区人民心中最敬仰圣洁之地。对于旅行者而言，作为青藏线上“离天最近的地点”，唐古拉山就是旅途所要追求的“最高点”。

唐古拉山发育了长江、澜沧江、怒江 3 条世界级江河，其中怒江发源于山脉南麓，长江、澜沧江发源于唐古拉山北麓，它们一路向南流经横断山脉，在云南境内形成了壮观的“三江并流”。唐古拉山脉拥有超过 20 座海拔 6000m 以上的雪山，连成南北 50 多千米、东西 20 多千米的雪山群。各拉丹冬峰为唐古拉山脉最高峰，藏语意为“高高尖尖的山峰”。各拉丹冬西南侧姜根迪如冰川的冰雪融水形成纳欣曲和切美

◎ 唐古拉山脉（拍摄者：徐平）

曲两条河道，两者汇合之后形成沱沱河。根据“河源唯远，水流顺直”的原则，沱沱河被定为长江的正源，姜根迪如冰川就是孕育沱沱河的源头。

附 长江源科学考察大事记

1976 年、1978 年，长江委两次组织开展长江源科学考察，确定长江正源、南源和北源，修正了长江干流的长度。

2010 年 10 月，长江委组织开展了第 3 次江源综合考察，客观评价了江源地区水资源、水生态、水环境等现状，探查存在的环境问题并提出了相应的对策措施。

2012 年，长科院组织开展了长江源科学考察，考察时间为 7 月 27 日至 8 月 8 日，历时 13 天。此次对长江源区河道形态、水文泥沙、水资源变化及开发利用情况、水土流失现状及成因、水环境水生态状况及地质地貌等进行了科学考察。

2013 年 6 月，长科院组织开展了长江源区直门达河段的河流泥沙、水环境、水生态等考察。

2014 年 7 月 17—24 日，长科院组织开展的长江源科学考察，历时 8 天。本次考察首次对长江南源当曲开展全面科学考察，考察了当曲水资源、水生态、水环境、植被、水土流失、地形地貌、河流泥沙、沼泽的生态环境、源头河流水系发育情况等。

2015 年 7 月 16—30 日，长科院再次组织开展长江源科学考察，历时 15 天。此次考察对长江源区的河道河势、水资源、水环境、水生态、水土流失等进行了全面观测和研究。

2016年5月30日至6月6日，长科院组织开展了长江源科学考察，历时8天。本次考察重点是对长江北源和正源的生态环境进行考察，首次开展了楚玛尔河河源考察，钻取了姜根迪如冰心。并于当年建成长江源观测研究基地，支撑了长江源的长期深入观测。

2017年8月22—31日，长科院对长江正源沱沱河、南源当曲和北源楚玛尔河的河道河势、水环境、水生态、水资源、水土流失等开展科学考察，抵达了沱沱河源头各拉丹冬岗加曲巴冰川，发现了冰塔与冰湖连通的两个冰洞，并在冰湖中发现了4条长鳍高原鳅，同时采用无人机拍摄了岗加曲巴冰川的全景。

2018年7月23—31日，长科院组织开展了长江南源当曲、正源沱沱河、北源楚玛尔河和通天河及相关区域科学考察，历时9天。进一步获得了江源地区水文、河道河势、水资源、水生态、水环境、植被、水土流失、地形地貌、冰川、冻土及土工合成材料性能等相关信息和资料，为三江源国家公园建设、可可西里世界自然遗产地保护提供了科技支撑。

2019年7月29日至8月11日，长科院联合青海省水利厅、青海省水文水资源勘测局、自然资源部国土卫星遥感应用中心及新华通讯社等单位对长江正源沱沱河、南源当曲、北源楚玛尔河和通天河的水资源和生态环境状况开展了综合科学考察。

2020年8月中下旬，长科院联合长江技术经济学会、长江生态环保集团有限公司、青海省水文水资源勘测局和新华通讯社等多家单位共同组织开展长江源区综合科学考察。此次科考延续了历年路线，对长江正源沱沱河、南源当曲、北源楚玛尔河和澜沧江源的水资源和生态状况开展综合考察，包括水文条件、生物指标、水土流失、地形地貌等。

2021 年 7 月下旬，长科院联合长江技术经济学会、青海省水文水资源测报中心、中国水利学会、南水北调中线水源公司、新华通讯社等单位将对长江正源沱沱河、南源当曲、北源楚玛尔河的水资源和生态保护状况开展综合科学考察。长江源的水资源和水生态保护状况、高原生态固碳特征与过程成为此次科考的重点。

2022 年 7 月下旬，长科院联合青海省水文水资源测报中心、长江技术经济学会、长江文明馆、新华通讯社等单位对长江正源沱沱河、南源当曲、北源楚玛尔河和澜沧江源区的水资源、水生态环境等开展科学考察，其中冰储量和湿地碳储量观测是此次科考的重点。

2023 年 7 月下旬，长科院联合水利部科技推广中心、青海省水文水资源测报中心、新华通讯社等单位，开展长江源和澜沧江源地区的水资源、水生态环境等科学考察，内容包括河湖水文、河床泥沙、河道河势、水环境、水生态、水资源、水土流失、冰川冻土等。

后 记

《问源——长江源探秘》终于面世了。

长江从何而来，源区河流是什么形态，河流中有哪些生命，源区有哪些动植物？本书集长科院数十位科研人员十年间在长江源区的所见所闻，期望从长江源区气候、地形地貌、冰川冻土、河湖水系、湿地、土壤植被、水环境与水生生物、动物、风土人情等方面，为广大读者揭开长江源的神秘面纱。

十年间，从长江源头的姜根迪如、岗加曲巴、冬克玛底冰川到金沙江起始的巴塘河口，从沱沱河、当曲、楚玛尔河三源到通天河干流，从唐古拉山脉到昆仑山脉，长科院科考队员的足迹遍布长江源区的冰川雪地、河流湖泊和草甸湿地。

十年间，从认识江源到研究江源，再到保护江源，一路走来，“长江大保护、从江源开始”“同饮长江水、共护长江源”的理念深入人心，“乐于奉献、勇于探索、志于科学”的科考精神得到传承。一首《当曲赋》在当地各族同胞间传颂，长科院江源研究基地成为当地的新地标。

十年考察，科考队员们经历了无人区的帐篷之夜、考察路上的日夜兼程、姜根迪如冰川的冰心取样……这本既具知识性又具科普性的读物，若能唤起公众保护母亲河、守护“中华水塔”的意识，其意义之重大就远超科考背后的艰辛了。

长江源碑作证，为了母亲河的微笑，我们将始终坚持。

图书在版编目（CIP）数据

问源：长江源探秘 / 徐平等著 .
-- 武汉：长江出版社，2023.12
ISBN 978-7-5492-9302-5

Ⅰ . ①问… Ⅱ . ①徐… Ⅲ . ①长江 - 河源 - 区域生态环境 - 科学考察 Ⅳ . ① X321.27

中国国家版本馆 CIP 数据核字 (2024) 第 019469 号

问源：长江源探秘
WENYUAN：CHANGJIANGYUANTANMI
徐平 等著

责任编辑： 郭利娜
装帧设计： 汪雪
出版发行： 长江出版社 1863 号
邮　　编： 430010
网　　址： https://www.cjpress.cn
电　　话： 027-82926557（总编室）
027-82926806（市场营销部）
经　　销： 各地新华书店
印　　刷： 湖北金港彩印有限公司
规　　格： 787mm×1092mm
开　　本： 16
印　　张： 17.25
字　　数： 200 千字
版　　次： 2023 年 12 月第 1 版
印　　次： 2023 年 12 月第 1 次
书　　号： ISBN 978-7-5492-9302-5
定　　价： 138.00 元